Geologische Voraussetzungen für Wasserkraftanlagen

Von

Dr. J. L. Wilser
Geologe, a. o. Professor an der Universität
Freiburg i. Br.

Berlin
Verlag von Julius Springer
1925

ISBN-13:978-3-642-90581-0 e-ISBN-13:978-3-642-92438-5
DOI:10.1007/978-3-642-92438-5

Reprint of the original edition 1925

Inhaltsverzeichnis.

I. Einführung.

Jedes Bauwerk bringt durch Entfernen oder Auftragen von Massen Eingriffe in die natürlichen Gleichgewichtsbedingungen und Eigenschaften des Erdbodens. Im Fels werden dadurch nur in besonderen Fällen Veränderungen des natürlichen Verharrens ausgelöst; lockere oder infolge Verwitterung mürbe Gesteine hingegen neigen zu Bewegungen, die oft nur mit hohen Kosten unschädlich zu machen sind. Viele im Bodeninnern steinharte, nur durch Sprengen zu lösende Tongesteine erweichen in Berührung mit Luft und Feuchtigkeit und verlieren dabei den inneren Zusammenhalt. Eine wesentliche Rolle spielt immer das Wasser, das entsprechend der Menge und Größe der Hohlräume in jeder Gesteinsart vorhanden ist oder aufgenommen werden kann. Feuchtigkeit lockert die Verbandsfestigkeit. Ist der Wassergehalt derart reich, daß er als Grundwasser oder „Quelle" beim Anschneiden auszufließen beginnt, so hat ein Bau außer mit den Schwierigkeiten der Standfestigkeit auch mit denen des Wasserandranges zu kämpfen.

In Stauräumen, wo Wasser unter Druck gelangt, wird es Auswege suchen; die hydrostatische Spannung pflanzt sich fort, viele Wege erweitern sich mit der Zeit, und alle führen, abgesehen von Wasserverlusten, möglicherweise zu Bodenverlagerungen und Einstürzen selbst der bestkonstruierten Bauten. Vorsorge gegen jede — vor allem gespannte — Wasserbewegung im Erdreich in der Nähe von Wehren, Dämmen, Talsperren, Stützmauern usw. ist eine Hauptfrage.

Solche und andere Gefahren, ihr Ausmaß, wo und wie sie zu vermeiden sind, wie sich Bauten am zweckmäßigsten den Bodeneigenschaften anpassen, diese möglichst ausnützen, auch zur ört-

Anm. Die Indexziffern im Text verweisen auf das Literaturverzeichnis S. 57.

lichen Beschaffung der Baustoffe, überhaupt alle Fragen über die Untergrundsverhältnisse nach Material und Wirtschaftlichkeit, legt der geologische Berater in seinem Gutachten klar. Es ist insbesondere bei Wasserkraftanlagen für keine Projektart entbehrlich und wird im Verleihungsgesuch den Behörden vorgelegt. Je früher die geologische Mitarbeit beginnt, um so mehr kann sie nützen, also schon bei der Vor- und Entwurfsarbeit und nicht erst beim Bau oder gar bei kleinen oder großen Katastrophen.

II. Der Untergrund und seine allgemeinen Eigenschaften.

Ob die Projekte im Flach- oder Hügelland oder im Mittel- oder Hochgebirge liegen, überall besteht das Erdreich aus dem oberflächlich wenig gebundenen Verwitterungsboden und dem darunter in recht verschiedener Tiefe folgenden frischen, dauernd oder doch beim Bloßlegen festen Gestein. Seltener tritt unveränderter und kompakter Fels unmittelbar zutage. In Mulden und Senken und hauptsächlich in Tälern ist Verwitterungsboden seinem Schwergewicht folgend oder von Wasser zusammengeführt, dabei zum Teil abgerollt und nach Korngröße gesondert. Man spricht von Alluvial- oder Schwemmboden.

Wo Gletscher noch in junger (diluvialer) Zeit tätig waren, finden sich Ausräumung und Abschleifung, im Vorland aber Aufschotterung aus der glazialen und Ausräumung mit Terrassenbildung aus der interglazialen Zeit. Ein grundsätzlicher Unterschied besteht also zwischen den Talabschnitten unter und über den diluvialen Eisgrenzen. Da diese wiederholt beträchtlich auf- und abgestiegen sind, liegen oberhalb der einstmals untersten Eisgrenze recht unterschiedlich gestaltete und aufgefüllte bzw. ausgeräumte Talstrecken. Wenn auch größere Gesetzmäßigkeiten gefunden werden, z. B. daß nach der Deckenschotterablagerung eine mächtige Tiefenerosion einsetzte, derzufolge die Hochterrassenschotter, im Talweg auf Felsuntergrund abgelagert, das Tal wieder auffüllend erscheinen, und daß darin und darüber erst wieder die Niederterrasse sich ausbreitet, so muß man sich doch hüten, praktischen Erörterungen irgendein Schema als maßgeblich zugrunde zu legen. Jedes Naturvorkommen erfordert Einzelbetrachtung; die großen Zusammenhänge geben lediglich den Rahmen für das Bild.

Verwitterungs- bzw. Alluvialboden ist locker, von Pflanzenwurzeln und von Wühlgängen durchzogen, kiesig, sandig oder lehmig, aus dem unterliegenden Gestein umgewandelt oder diesem erst jüngst aufgelagert. Wenn nicht dauernd, so bewegt sich (oder liegt) doch zur feuchten Jahreszeit meist Wasser in diesen Gesteinsarten. Solcher Baugrund erträgt bei gleichmäßiger Verteilung der Drucke in flachem Gelände, in Zweifelsfällen durch tieferes und breiteres Eingraben, zur Not Trockenlegen, immer die vorkommenden Belastungen, solange nicht nahe seitlich Ausweichmöglichkeiten vorhanden sind und Nässe nicht tiefgründig erweichend wirkt. Die bleibende Dichte ist der hauptsächlich in Frage stehende Faktor. Mittel- bis grobkörniger Sand gehört zu den tragfähigsten und standfestesten Bodenarten. Im allgemeinen werden sehr niedrige Zahlen für die zulässigen Belastungen genannt; zweifellos sind sie praktisch größer, wie ja Wolkenkratzer und Domtürme beweisen*). Doch vermeidet man,

*) Nach Terzaghi[21]) (S. 361) lauten die neueren amerikanischen Zahlen:

Nr.	Bodenart	Übliche Bodenbelastung kg/cm²	Als zulässig erachtete Bodenbelastung kg/cm²
1	Schwimmsand und alluvialer Boden	0,54—1,09	0,5
2	Weicher Ton	(0,82)—1,11—(3,3)	1,0
3	Nasser Ton und weicher, nasser Sand	1,09—2,20	2,2
4	Ziemlich trockener Ton und feiner, trockener, reiner Sand	1,9—4,4	2,2
5	Ton und Sand in Wechsellagerung	2,2—5,4	2,2
6	Fester, trockener Lehm oder Ton, oder harter, trockener Ton od. feiner Sand	2,2—4,4	3,2
7	Kompakter grober Sand, fester Schotter oder gewachsener Boden	3,3—6,5	4,3
8	Grober Schotter, geschichteter Stein oder Ton oder Fels von geringerer Festigkeit als bestes Ziegelmauerwerk.	5,4—8,7	6,5
9	Verhärteter Schotter oder Sand . .	6,5—11,0	8,7
10	Fester Ortstein oder harter Mergel .	6,5—11,0	11,0
11	Fester Ortstein oder harter Mergel, gegen Luft, Wasser u. Frost geschützt	8,7—19,6	13,6—20,0 (Druckluft)
12	Sehr harter gewachsener Fels . . .	11,0—54,5	22,0
13	Druckluftgründung auf Fels	26,2—27,2	27,5

Talsperrenmauern in solches Erdreich zu setzen, und schüttet Dämme.

Wichtig ist, in den Auen zu unterscheiden zwischen Aufschüttungen des Haupttals und zwischen Schuttkegeln der Seitenbäche oder gar Felsrutschen. Diese Massen sitzen viel lockerer und neigen immer noch zu Bewegungen. Schon an den Talrändern, wo sich die Flußalluvionen mit dem Schuttfuß des seitlichen Gebirges vermischen, macht sich geringere Dichte der Struktur des Materials bemerkbar.

Am Gehänge ist der Verwitterungsschutt höchst unzuverlässig, am beweglichsten in den Einmuldungen, besser an den Buckeln. Waldboden steht fester als Freiland. Ansammlungen von Schutt müssen immer und überall ganz besonders vermieden werden, denn in ihnen zieht der lockeren Schüttung wegen das Wasser mit Vorliebe, Rutschungen Vorschub leistend.

Moor- und Sumpfboden ertragen naturgemäß kaum Belastungen, größere erst nach Einbau von Rosten oder Aufbringen vermehrter Massen, die die Einsinktiefe ausgleichend aufhöhen. Entwässerung hilft hier nur teilweise. Verhängnisvoll geradezu wird Sumpfgelände den Bauten an Hängen. Auch in der Tiefe des Gesteins liegende, alte Sumpfstellen, heute ringsum abgedichtete sog. Wasserkissen, sind unter Umständen äußerst gefährliches Land.

Auf Grund der physikalischen Ursachen der Mißerfolge bei Flachgründungen gibt Terzaghi[21]) (S. 359) folgende Zusammenstellung:

Gruppenbezeichnung der Fehlgründung	Physikalische Natur des Vorganges
1. Übermäßige oder ungleichmäßige Setzung des Bauwerkes.	a) Überschreitung der Proportionalitätsgrenze des Bodens (übermäßige Setzung).
	b) Ungleichmäßige Setzung infolge ungleichmäßiger Beanspruchung des Baugrundes.
	c) Ungleichmäßige Setzung infolge ungleichmäßiger Zusammendrückbarkeit des Baugrundes.

Gruppenbezeichnung der Fehlgründung	Physikalische Natur des Vorganges
2. Abrutschen des Bauwerkes infolge Überwindung des Reibungswiderstandes nach einer Gleitfläche.	d) Abrutschen der tragenden Bodenschicht auf einer glatten Unterlage bei voll wirksamer statischer Reibung. e) Abrutschen der tragenden Bodenschicht auf einer tonreichen, wasserhaltigen Schmitze bei ganz oder teilweise ausgeschalteter statischer Reibung (hydrodynamische Spannung infolge rascher Druckerhöhung).
3. Zusätzliche Senkung des Bauwerkes infolge nachträglicher Zustandsänderung des Baugrundes.	f) Durch Wasseraufnahme bedingte Abnahme des Kapillardruckes und durch die damit verbundene Abnahme des inneren Reibungswiderstandes. g) Durch örtliche Austrocknung bewirkte ungleichmäßige Senkung des Baugeländes. h) Setzungsfließung gesättigter Sande infolge spontaner Umlagerung der Körner. i) Durch Zersetzung organischer Substanzen (Verfaulen von Holzmassen u. dgl.) herbeigeführte Raumverminderung des Untergrundes. k) Durch chemische Einwirkung hervorgerufene Abnahme der Ziffer der inneren Reibung.
4. Zusammenbruch des Bauwerkes infolge Unterschneidung des Gründungskörpers.	l) Durch fließendes Wasser. m) Durch Winderosion. n) Durch Ausfrosten.

Das unter dem Alluvial- bzw. Verwitterungsboden folgende Muttergestein ist locker oder fest, je nach seiner Entstehungsart und seinem Alter. Im allgemeinen sind diluviale Ablagerungen noch nicht verfestigt, fast alle älteren aber durch natürliches Zement oder ursprüngliches Gefüge steinhart. Stand- und Druckfestigkeit nebst Wasserführung erweisen sich je nach den örtlichen Verhältnissen als recht unterschiedlich. Es gibt z. B. Granite und Basalte, die bis in viele Dekameter Tiefe mürbe bleiben. Wasser ist auch in jedem festen Gestein vorhanden, je nach den Hohlräumen, in Bewegung bei genügender Durchlässigkeit und bei Gefälle und Vorflut.

Im Raume lagerhaft angeordnete Gesteine bezeichnet man als Schicht- (Sediment-) Gesteine, z. B. Sandsteine, Kalksteine usw., die nicht lagerhaften als Massengesteine, z. B. Granite, Gneise, Porphyre, Basalte usw. Die erste Gruppe entsteht aus von Wasser, Eis oder Wind umgelagertem und mechanisch oder chemisch (auch organogen) abgesetztem Material, die letztere aus abkühlendem Magma bzw. aus Lava. Als Sondererscheinung gibt es auch sog. „massige" Sedimentgesteine, z. B. Riffkalke.

Die Eigenschaften der Massengesteine sind bedingt durch ihre Mineralien, ihr Gefüge (Struktur) und den Gesamtverband (Textur), die der Schichtgesteine durch die Art der sie aufbauenden Körner, des verbindenden Zementes und ebenfalls des Gesamtverbandes. Hoyer[22]) (S. 3 und 4) bringt für Deutschland eine kurze generelle Aufstellung der wesentlichsten Sedimente nach Bezeichnung, Bestandteilen, Struktur und Lagerungsform (Textur) und Verwitterung. Für andere Länder mögen die Gesteinsfolgen in der einschlägigen geologischen Literatur nachgesehen werden.

In einer Übersicht spezielle Eigenschaften und Verbreitungsgebiete von Gesteinstypen abzugrenzen, so daß ein Bauprojekt örtlichen Nutzen aus diesen Angaben schöpfen könnte, ist unmöglich. Die Arten und Lagerungsformen sind zu vielgestaltig. Abtragungen, Auflagerungen, Belastungen, vulkanische Vorgänge, Wassergehalt, Verwerfungen und Faltungen und andere mechanische und chemische Einflüsse von den ältesten geologischen Zeiten her bis heute, und selbst künstliche Eingriffe durch den Menschen, gestalten die Gesteins- und Bodeneigentümlichkeiten dauernd um. Immerhin haben stofflich ähnliche Gesteine bei ähnlicher geologischer Vorgeschichte viele technische Eigenschaften gemeinsam.

Als allgemeine Richtlinie für geologisch-technische Praxis kann folgende Übersicht gegeben werden:

a) Allgemeine Eigenschaften von Gesteinen: Leicht lösbar, d. h. gewinnbar, sind alle jungen Gesteinsbildungen und viele der älteren infolge verschiedener Einwirkungen, vor allem Verwitterung.

Verwitterungs- und Schwemmböden sind mit der Schaufel und dem Bagger zu gewinnen. Die Lösbarkeit des Felsens unterstützen die Schichtung oder Schieferung, bei Massengesteinen die Abkühlungsklüftung und bei allen Sorten die durch gebirgsbildende Vorgänge erzeugten Spalten. Alle einschlägigen technischen und geologischen Bücher enthalten Einordnungen der

Gesteine nach ihren Lösungsarten. Hoyer[22]) (S. 23—39) beschreibt die Methoden, Geräte und Leistungen; Wilser[25]) (S. 11 und 12) führt nach den zweckmäßigsten Geräten 6 Klassen auf, Stiny[23]) (S. 713 und 714) erörtert sieben. Vgl. Tabellen S. 34 bis 37.

Für viele Streitfragen über die Arbeitsleistungen bzw. -Vergütungen ist die Einordnung der Strecken und Lose in Bearbeitbarkeitsklassen entscheidend.

Die Bereiche verminderten Gesteinszusammenhanges sind meist auch die Zonen der Gesteins- und Wasserbewegungen, die Bauanlagen stören. Ob Schäden auftreten, hängt, abgesehen von der Gesteinsart, im wesentlichen von der räumlichen Anordnung der durchlässigen und dichten Zonen ab. Schichtung und Klüftung, die z. B. einem Staubecken zufallen, werden keine Wasserverluste veranlassen, leicht aber bei umgekehrter Wegweisung. In den Berg hineinziehende Gesteinsbänke gleiten seltener ab, als wenn die Neigung mit dem Gehänge geht.

Man muß zwischen Schutt- und Felsbewegungen unterscheiden. An der Grenze von verwittertem und festem Gestein entwickeln sich Rutsche mit Vorliebe.

Tonige Beimengungen quellen durch Wasseraufnahme, schwinden aber und reißen bei -Abgabe. In den Spalten reichert sich bei neuem Zutritt Wasser an; das statische Gleichgewicht wird durch hydrodynamische Kräfte gestört; es entstehen Ausrisse. Das Wasser wirkt nicht als Schmiermittel, sondern auflockernd und drückend. Standfest bleiben nur Gesteine, die homogen sind und deren natürlicher Verband den Eigen- und den Belastungsdruck auszuhalten vermag.

Wasser wirkt im allgemeinen auflockernd und ausspülend, weniger schmierend oder verkittend.

Geringe Durchlässigkeit fördert die Verwandlung von Schutt in Brei.

Im gesamten ergibt sich, daß für die Standfestigkeit von Schutt hauptsächlich zu untersuchen sind: 1. die Art des Materials, 2. Porenvolumen und Wassergehalt, 3. seine Lagerung und Dichtigkeit, 4. Steilheit der Böschung, 5. Wasserzu- und -abfluß, 6. Grundwassergeschwindigkeit, 7. mögliche Ausweichräume, 8. bereits vorhandene oder in Entwicklung begriffene Setzungen und Umlagerungen u. a. m.

Für die moderne Auffassung über Bodenbewegungen grundlegend schreibt Terzaghi[21]) (S. 353 und 354):

„Die der Erdrutschliteratur entstammenden Beispiele lassen erkennen, daß man dem Lehm und dem Ton vielfach physikalische Eigenschaften zuschreibt, die er unmöglich besitzen kann. Unsere Einsicht in die Mechanik der Bodenbewegungen kann nur dann eine Förderung erfahren, wenn sich die Beobachter bemühen, bei der Deutung der beobachteten Erscheinungen ihre Theorien mit den Ergebnissen der bodenphysikalischen Forschung in Einklang zu bringen. Hierbei haben sie besonders auf die Rolle zu achten, welche die hydrodynamischen Spannungserscheinungen beim Zustandekommen der Massenbewegungen spielen, denn die spontane, gänzliche oder teilweise Ausschaltung des im Geländeinneren wirksamen statischen Reibungswiderstandes ist in der überwiegenden Mehrzahl der Fälle lediglich eine Folge dieser Spannungen. Obendrein müssen sie es bei der Beschreibung beobachteter Bodenbewegungen grundsätzlich unterlassen, Ausdrücke zu verwenden, deren physikalische Bedeutung nicht eindeutig bestimmt ist.

Es kommt häufig vor, daß sich eine Bodensorte von bestimmter Beschaffenheit in einem Geländeabschnitt als recht stabil erweist, während sie in einem anderen, scheinbar ähnlich beschaffenen Abschnitt nach erfolgtem Anschnitt in Bewegung gerät. Dieser Umstand läßt vermuten, daß der Grad der Neigung einer Bodenmasse zum Ausfließen nicht bloß von der Bodenbeschaffenheit und der Geländeform, sondern auch von einem dritten, weniger sinnfälligen Faktor abhängen dürfte. Dieser dritte Faktor besteht nach der Ansicht des Verfassers in Initial- oder Anfangsspannungen, die bereits vor dem Anschneiden im Boden herrschen und die je nach der Örtlichkeit sehr verschieden sein können. Wenn eine ursprünglich zusammenhängende Tonmasse durch Erosion in Hügel zerschnitten wird, so ändert sich ihr Wassergehalt infolge der Änderung der im Boden herrschenden Druck-, Temperatur- und Durchfeuchtungsverhältnisse, und die Änderung des Wassergehaltes bewirkt im Ton Spannungen, die sich mit den beim Erkalten eines unregelmäßig geformten Gußstückes auftretenden Gußspannungen vergleichen lassen. Wo diese Spannungen am stärksten sind, ist auch die Neigung zu Rißbildung am größten, und mit der Rißbildung ist der erste Anstoß zur Bodenbewegung gegeben.

Zu diesem in der geologischen Vorgeschichte der Geländeform begründeten Faktor kommen auch noch die mit dem Ort mehr oder weniger veränderlichen klimatischen Einflüsse hinzu. Die in der Rutschungsliteratur niedergelegten Erfahrungen lassen folgende Gesetzmäßigkeiten erkennen:

Rutschungen erfolgen zumeist in der feuchten Jahreszeit, nach heftigen Regengüssen, manchmal erst mehrere Jahre nach beendigtem Aushub z. B. eines Einschnittes. Diese Tatsache steht mit der Ansicht im Einklang, daß sich die Rutschung bindiger Bodenmassen durch Zerklüftung (Morschwerden) des Geländes vorbereitet (Berstungsfließungen). Die Zerklüftung äußert sich in der wiederholt beobachteten Erscheinung, daß rutschgefährliche Einschnitte fast immer wasserführend sind. In einer unzerklüfteten, homogenen Tonmasse können keine Wasseradern zustande kommen.“

An Rutschungsarten unterscheidet Terzaghi[21]) (S. 356):

Art	Gruppe	Klasse	Gattung
A. Trockenbewegungen (Bodenbewegungen bei vollwirksamer statischer Reibung)	I. Gekrieche (kontinuierliche Massenbewegungen)	1. Bodengekrieche 2. Schuttgekrieche (Felsströme)	
	II. Bergstürze (spontane Massenbewegungen)	3. Felsbewegungen	Felsschlipfe Felsstürze
		4. Schuttbewegungen	Schuttrutschungen Schuttschlipfe
		5. Gemischte u. zusammengesetzte Bergstürze	
	III. Setzungsfließung (Fließung infolge rascher Änderung des Porenvolumens)	6. Schwimmsanderscheinung und Fließboden	
		7. Sandfälle	
		8. Muren (nach Stiny)	Vulkanische Schlammströme (Aschenmuren), Moormuren, Jungschuttmuren, Altschuttmuren, Gemischte Muren
B. Breibewegungen (Massenbewegungen bei ganz oder teilweise ausgeschalteter statischer Reibung)	IV. Berstungsfließung (Fließung infolge Zerklüftung durch Schwellung und nachfolgenden Zusammenbruch)	9. Ausschälen und Ausbrechen 10. Tiefgreifende Rutschung im homog. Material 11. Tiefgreifend. Rutschung im nicht homog. Material 12. Rutschung in alt. Rutschmassen	
	V. Überlastungsfließung (Fließung infolge eines im Porenwasser durch Belastung hervorgerufenen hydrostatischen Überdruckes)	13. Abgleitung nach einer Schicht- oder nach einer Rißfläche 14. Ausquetschung infolge örtlicher Belastung	
	VI. Ausquetschung (Reibungsverminderung durch einen im Porenwasser bereits herrschenden hydrostatischen Überdruck)	15. Auftreibung infolge örtlicher Entlastung 16. Ausquetschung infolge örtlicher Belastung	

Sowohl auf Spalten wie in Poren des Bodens und des Felsens ist Wasser eingelagert, in Abwärtsbewegung, wo die Kapillarkräfte durch die Schwere überwunden werden. Allgemein bekannte Erscheinungen sind Grundwasser und Quellen; unter Druck geraten sie, sobald sie natürlich oder künstlich eingespannt werden.

Die Härte der Gesteine, d. h. der Widerstand, den sie der Bearbeitung und der Abnutzung entgegenstellen, ist im wesentlichen abhängig von der Frische der Verkittungsart und den eingelagerten Mineralien. Man kennt Quarzite, die härter sind als Bohrstahl, andererseits Granite, die mit dem Pickel gegraben werden können. Gneise mit schichtartiger Einlagerung von Glimmern beanspruchen die Geräte wegen der wechselnden Härte der Minerallagen und der Zähigkeit der Glimmerstreifen außergewöhnlich. Bergfeucht ist alles Gestein leichter zu bearbeiten als trocken.

Unter Festigkeit versteht man die Widerstandsfähigkeit gegen Druck und Zug. Alle wetterfesten natürlichen Bausteine vermögen die normalen Beanspruchungen in den Bauten auzuhalten. In Stollen kommt es weniger auf die Höhe als auf den Verband des überlagernden Gebirges an. Die Bohrfestigkeit eines Gesteins ist durchschnittlich etwa ein Sechzehntel der (kg/cm^2) Druckfestigkeit (bei 1 cm Bohrlochweite in Meterkilogramm für je 1 ccm Bohrung ausgedrückt). Weiteres vgl. unten, Abschnitt Baustoffe.

b) Gesteinsformationen und ihre hauptsächlichste Verbreitung können nur mit groben Strichen gezeichnet werden. Tabellen enthalten die meisten geologischen Bücher (s. Literaturverz. Nr. 3—10). Einzelschichtenfolgen sind in geologischen Lokalschriften und in den Erläuterungen zu den geologischen Spezialkarten zu finden. Man befrage darüber die Sachverständigen. Von technischen Büchern enthält Hoyer[21]) (S. 5—10) eine recht brauchbare kurze stratigraphische Übersicht.

Für deutsche Gebiete gilt generell folgendes:

Alluvialgesteine sind die jüngsten Verwitterungs- und Aufschwemmungsböden. Sie wurden oben schon charakterisiert. Als Baustoffe liefern sie Tone, Lehme, Mergel, Sande und Kiese.

Die Diluvialablagerungen enthalten Kiese, Sande, Mergel (Löß), Tone, Lehme, Moränen, Geschiebemergel, Blockpackungen usw. von unregelmäßigem Verbande und Wassergehalt, meist grabbar, bei Vorhandensein von Verkittung und von größeren Findlingsblöcken zu sprengen und in der Standsicherheit wesentlich vom Ton- und Wassergehalt abhängig. Echte Moränen erweisen sich oft so vollkommen dicht und fest, daß sie als Baugrund wie Fels bewertet werden können, sofern der natürliche Verband ungestört erhalten bleiben kann. Verbreitung haben die Diluvialgesteine im nord- und ostdeutschen Flachland, in den Alpen mit ihren Vorländern und in den ehemals vereisten Mittelgebirgsteilen. Die Eigenschaften und der innere Verband dieser Gesteinsfolgen ist für die technischen Fragen in jedem Fall gründlich zu prüfen, da es nur wenige Gesetzmäßigkeiten gibt, die im einzelnen örtlich leitend sein können. Moränenreste z. B., die den Hängen als Flecken oder größere Decken noch ankleben, geraten gern ins Rutschen; sie sind nicht leicht zu erkennen. Oder, um auf eine andere Gefahr hinzuweisen: unter geschlossenen Moränen finden sich nicht selten durchlässige Blocklager, die z. B. Stauwassern Abzug gewähren können. Torfmoore sind gefährlicher Baugrund. Baumaterial: Kies, Sand, Lehm, Ton und Findlingsblöcke.

Tertiäre Gesteine (Nagelfluh, Sandsteine, Kalksteine, Mergel, Tone) zeigen sich, wie alle vordiluvialen Ablagerungen, weithin gleichmäßiger entwickelt, mit wenigen Ausnahmen lagerhaft und verkittet. Aus vulkanischer Tätigkeit stammen Basalte und andere massige Eruptiva. Bautechnisch bedeutsam sind mächtige Tonfolgen und Molassesandsteine, auch Kalksandsteine, die in bergfeuchtem Zustand geschnitten werden können, an der Luft aber erhärten. Salz-, Gips- und Braunkohlenanlagerungen finden sich zu gewaltiger wirtschaftlicher Bedeutung angereichert, andererseits aber auch nur als Spuren im Gestein, worauf man baulich sorgsam Rücksicht nehmen muß. Salz und Gips sind leicht löslich und gefährden Anlagen mechanisch und chemisch. Verbreitet ist Tertiär im Alpenvorland, im Rheintalgraben, vereinzelt in Mitteldeutschland, wieder geschlossen unter dem nord- und ostdeutschen Diluvium. Baumaterial: Kalk- und Sandsteine und Tone. Eruptiva. Zemente.

Die Kreideformation bringt Kreidegesteine, Mergel, Tone und Sandsteine. Die ersten sind meist mürbe und erweichen im Wasser, verhalten sich ganz ähnlich wie Mergel. Die Kreidesandsteine sind meist klüftig und vielfach berühmt als Baumaterial. Verbreitungsgebiet: Nordwestdeutschland, Westfalen, Hannover, Sachsen, Schlesien, Regensburger Gegend, Alpen; Zementindustrie in Nordwestdeutschland.

Juragesteine sind in der unteren und mittleren Abteilung meist tonig und sandig, in der oberen tonig mit mächtigen Kalk- und Dolomitfolgen, die vielfach verkarstet, durch Wasserversinkung und Höhlen weitberühmt sind. Hauptvorkommen im Schwäbisch-Fränkischen Jura, in Einzelbezirken im Rheintal und in Mittel- und Nordwestdeutschland. Baustoffe: Tone und Kalksteine („Marmore“), Öl- und Zementschiefer.

Die Triasformation, die verbreitetste in Deutschland, teilt sich in drei Teile, oben Keuper, darunter Muschelkalk, liegend Buntsandstein. Im Keuper wechseln mächtige Ton- und Sandsteinfolgen miteinander ab, der Muschelkalk ist kalkig, zum Teil schieferig-plattig, in seiner mittleren Abteilung dolomitisch mit großen Gips- und Salzstöcken, der Buntsandstein besteht aus Sandstein mit Schiefertonzwischenlagen. Alle Abteilungen liefern vorzügliche Baustoffe, können aber z. B. Talsperrenanlagen durch Gips- und Salzgehalt und in den Kalk- und Sandsteinen durch Klüftigkeit, auch durch Tonlagen, in den lockeren Schichten durch Porosität Schwierigkeiten bereiten. Auftreten im wesentlichen in Süd- und Mitteldeutschland. Im Alpengebiet besteht die Triasformation aus mächtigen Dolomiten und Rauchwacken, ist vielfach löcherig und von Gips und Salz durchschwärmt. Auswahl der Baustoffe erfordert überall große Vorsicht.

Das Perm besteht oben aus schiefrigem und rauchwackigem Zechstein, dem die berühmten Kalisalzlagerstätten eingebettet sind. Darunter folgen im allgemeinen leicht erweichende Sande, Konglomerate und Schiefertone mit unregelmäßig zwischengeschalteten Porphyren und Melaphyren des Rotliegenden. Zechstein in Mittel- und Norddeutschland, Rotliegendes in Senken und an den Rändern der alten Mittelgebirge. Wenig gute Baustoffe, außer in den Massengesteinen.

Karbon, oben Sandsteine und Schiefertone mit Kohlenflözen, unten Grauwacken, Sandsteine, Schiefer des Kulm, oder Kohlenkalk. Vorkommen in Kohlenbezirken und in alten Mittelgebirgen. Die deutschen Granite (vgl. Grundgebirge) gehören dieser Formation an. Gute Baustoffe, Granite, quarzitische Sandsteine und Kohlenkalk.

Im Devon kommen in bunter Folge die verschiedenartigsten Schicht- und Massengesteine vor. Viele gute Baustoffe. Mächtige Kalkmassive! Überall sind gründliche Einzeluntersuchungen erforderlich, zumal diese Formation wie auch die karbonische und die älteren mehrere Gebirgsfaltungen erlitten haben. also oft durch Druck geschiefert sind. Viele Talsperren stehen in devonischen Schiefern. Rheinisches Schiefergebirge, Harz, Thüringer Wald u. a. O.

Silur, Kambrium und Präkambrium, meist schiefrige oder sandige, selten kalkige Gesteine, meist felsig, aber kleinklüftig, sind in Deutschland wenig verbreitet, ähneln in vielem schon dem

Grundgebirge, das aus kristallinen Schiefern, vorwiegend Gneisen, besteht. Diese und andere Massengesteine, besonders granitische, bilden die Unterlage der jüngeren, oben beschriebenen schichtigen Sedimentgesteinsfolgen. Viele gute Baustoffe, fast keine Kalke und Tone. Nicht alle Gneise und Granite sind brauchbar. Das Grundgebirge bietet für Talsperrenbau im allgemeinen die sichersten Vorbedingungen. Vogesen, Schwarzwald, Odenwald, Thüringer Wald, Fichtelgebirge, Erzgebirge, Sudeten, Bayrischer Wald.

Die Formationsfolge unterliegt gewissen Gesetzmäßigkeiten, so daß aus einem Aufschluß meist auf das verdeckte hangende oder liegende Gestein geschlossen werden kann. Die maßstäbliche und gesteinskundliche Feststellung des „Profils“ ist das wichtigste Glied der geologischen Vorarbeit.

Nicht nur das Gestein der Erdoberfläche, sondern auch die Gestalt der letzteren gibt dem Fachmann Hinweise auf die inneren Eigenschaften.

Wie schon angedeutet, sind die Gesteine von jeher gebirgsbildenden Vorgängen unterworfen, Heraushebungen, Versenkungen, Verfaltungen. Das Grundgebirge ist völlig in sich verknetet; die Schichten darüber liegen in Tafeln, Schollen oder Falten, am verwickeltsten in den Alpen- und Kettengebirgen. Außer der Lagerung und evtl. der Gesteinsart sind Klüfte und Schieferung Zeugen dieser tektonischen Ereignisse. Bis tief ins Gebirge klaffen einzelne Spalten, meist wassererfüllt; Klüftigkeit und Druckschieferung entpuppen sich beim Anhauen oder bei der Anwitterung. Die durch gebirgsbildende Kräfte neuerworbene Schieferung bietet Ablösungsflächen, die meist wirksamer als die Schichtungsfugen in Erscheinung treten.

Wie Tunnelbauten gezeigt haben, gibt es oder entstehen auch heute viele unausgeglichene Gebirgsspannungen; ihre kleinen Auswirkungen zeigen sich an den Bewegungen der Stollenränder, die großen an Erdbeben. Druckhaftwerden (vgl. unten S. 41) infolge künstlicher Eingriffe in den Gebirgskörper äußert sich mit ähnlichen Erscheinungen. Wo Verwerfungen und andere Störungslinien vorbeiziehen, zeigen sich solche Ausgleichsvorgänge am fühlbarsten. Täler verlaufen häufig auf tektonischen Zonen, worauf bei Talsperrenbauten Rücksicht zu nehmen ist. Dämme sind wenig empfindlich gegen Erschütterungen und Verlagerungen, weshalb man sie auch in Bergbaugebieten vorzieht.

Die üblichen geologischen Spezialkarten, in Deutschland auf die Meßtischblätter 1 : 25 000 eingetragen, zeigen in verschiedenen Farben die verschiedenen Gesteinsarten, mit gezähnten Linien die Verwerfungen (die Zacken deuten nach dem relativ tiefer liegenden Teil) und mit besonderen Zeichen das Fallen und Streichen, d. h. die Gesteinslagerung im Raum. Die Farben haben nicht gleichbleibenden Sinn, sondern wechseln von Land zu Land, oft schon von Blatt zu Blatt, immer bei verschiedenen Maßstäben. Alle Farben und Eintragungen sind auf dem Rande der Blätter erläutert. Es ist also möglich, aus jeder Karte geologische Querschnitte durch die Trassen zu entwerfen. Für die praktischen Bedürfnisse reicht diese Unterlage aber nicht aus, zumal dafür ja weniger nach der geologischen Zugehörigkeit der Gesteinsarten gefragt wird als nach deren technischen Eigenschaften. Einige Anhaltspunkte dazu liefern die meisten Erläuterungen zu den geologischen Spezialkarten, im wesentlichen sind aber besondere örtliche Beobachtungen nach den Anforderungen des Bauplanes zu sammeln. Ebensowenig wie ein Werk allein auf Grund der topographischen Meßtischblätter entworfen werden kann, nicht mehr vermögen die üblichen geologischen Karten ohne zusätzliche Feinuntersuchungen ausreichende Daten zu liefern.

Für einen Bauplan wird außer der rein geologischen Karte noch eine zweite angefertigt, die in ihren Farben Gesteinsunterschiede nicht nach geologischen, sondern nach technischen Gesichtspunkten heraushebt. Es lassen sich so Standfestigkeit, Lösbarkeit, Wasserführung u. a. m. für den ersten Blick klar und übersichtlich darstellen. Für die Erd- und Felsarbeiten des Heeres an den Kriegsfronten sind seinerzeit unzählige solcher Karten aufgenommen worden.

Die äußeren und inneren natürlichen Bedingungen sind im Hochgebirge für alle baulichen Anlagen andere als im Mittelgebirge oder Flachland. Überall sind es nur der Sonderfachmann und der erfahrene Praktiker, die die Lebensäußerungen des Bodens und der Gesteine kennen, Vor- und Nachteile abzuwägen wissen und Wege finden, wo und wie ein Bauwerk sich dem Untergrunde am zweckmäßigsten anpaßt, Gefahren vermeidet, und wie man das Erdreich am wirtschaftlichsten ausnutzt. Der Geologe muß etwas von der Ingenieurkunst und der Ingenieur etwas von der Geologie verstehen. Keiner aber von beiden soll sich im Gebiete des anderen für maßgeblich halten.

III. Der Baugrund für Wasserkraftanlagen.

Wasserkraftanlagen erfordern in geologischer Hinsicht im wesentlichen:

1. Wasserdichtes Sammelbecken mit standfesten Hängen,
2. dichte und standfeste Absperrung,
3. standfeste und gedichtete Oberwasserabführung (Hangkanal, Hangleitung, Stollen),
4. fest verankerte Falleitung mit Wasserschloß,
5. geeignetes Gelände für Kraftwerk und Unterwasserkanal,
6. Gesteinbaustoffe.

1. Das Becken.

Das Becken sammelt das Stauwasser, muß große Drucke aushalten, also erhöht wasserdicht sein, mit standfesten Hängen und gegen schnelle Aufschotterung geschützt. Durchlässige Gesteine und Klüfte sind nur bedenklich, wenn sie Wasserwege nach außen öffnen, sei es auf unmittelbarem Wege durch ihr Streichen und Fallen, auch lediglich durch Kommunikation mit einer Vorflut, oder sei es, daß sie selbst so viel Wasser schlucken, daß die Beckenspeicherung unmöglich wird. Die sichersten Bedingungen bieten die Massengesteine und mächtige Mergel- und Tonkomplexe, sofern letztere an den Hängen nicht zu übermäßigen Rutschungen neigen.

Das Streichen und Fallen wird allenthalben von größter Bedeutung. Schichtneigung nach den Flanken und gebirgswärts ist nur zulässig, wenn dort nicht Vorflut entstehen kann; Schichtneigung talab muß vermieden, zum mindesten sorgfältig auf Durchlässigkeit geprüft werden. Gefaltetes Gebirge ist im allgemeinen gesicherter gegen Wasserverluste als taflig gebautes, in seiner geologischen Lagerung aber schwieriger zu erkennen. Es sind Fälle denkbar, in denen gefaltete durchlässige Schichten das Becken wie Heber entleeren. In den Stauraum einmündende Quellen bedürfen der Untersuchung bezüglich ihres Zuzugsweges, damit das Wasser auf diesem sich nicht umdreht und Aufgespeichertes mit abführt, wodurch, abgesehen von den Wasserverlusten, andernorts Wasserandrang und Versumpfung entstehen können. Dieselben Fragen sind naturgemäß auch bezüglich des Zusammenhanges mit den Grundwasserhorizonten der Nachbarschaft zu stellen. Für die großen Wasserkraftprojekte im Schwarzwald z. B. bestimmt vielenorts die Auflagerungsfläche des Buntsandsteins auf dem Grundgebirge die Stauhöhe, denn sobald der Spiegel in jenen Sedimentärquellhorizont hineinreicht, entweicht das Wasser nach den Seiten.

Grundsätzlich wirkt jedes Becken auf die Grundwasserstände des umliegenden Gebietes zurück; mit der Füllung bzw. Absenkung des Beckens heben und senken sich auch die Grundwasserspiegel des Nebengeländes. Das ist unter Umständen für landwirtschaftliche und Forst-Kulturen von lebenswichtiger Bedeutung.

Die Gefahren der oberflächlich offenstehenden Klüfte soll man, sofern es sich nicht um Kalkgebirge handelt, nicht überschätzen.

In wenigen Metern Tiefe sind die Spalten meist geschlossen oder durch Lehm verklebt, jedenfalls nicht auf große Strecken zusammenhängend klaffend und durchlässig. Je tonhaltiger das Gebirge ist, um so mehr Schutz bietet es, obgleich freilich selbst in mächtigen Tonkomplexen in der Tiefe schon offene Gänge getroffen wurden. Das sind Ausnahmen und durch tiefer liegende Abzugsmöglichkeiten verursacht. Immerhin aber bleibt die Frage der Spaltenführung des Gebirges eine der heikelsten. Ein Allgemeinrezept gegen die Natur gibt es eben nirgends.

Unbrauchbar in fast jedem Fall ist ein Stauraum, der klüftiges Kalkgestein berührt. Kalkreiche Schichten sind leicht auswaschbar, was zu Durchlöcherung, Verkarstung führt, die wie ein Danaidenfaß wirkt. Natürliche Wasserversinkungen verschiedensten Maßstabes, selbst von großen Flüssen, kennt man aus allen Kalkländern (fränkisch-schwäbisch-schweizerisch-französischer Jura). Gegenmaßnahmen durch Einbau von Eisenbetonschalen oder dicken Tonschlägen mögen in besonderen Fällen für kleinere Anlagen Nutzen haben, für größere sind sie ebenso aussichtslos wie Zuschütten oder Versteinen der Löcher, da man ja doch nie alle fassen kann und der darunterliegende Fels meist viel zu brüchig ist zum Tragen einer höheren Wassersäule. Erfolg hingegen bringen Dichtungsmaßnahmen, wo es sich in andersartigen Gesteinen um einzelne Spalten handelt, die man überall treffen mag, wie Tunnelbauten gezeigt haben.

Wenn Wasserverluste in Anbetracht der Größe des Zuflusses oder des Stauraumes die wirtschaftliche Rechnung zunächst auch nicht stören, so darf doch nicht vergessen werden, daß die klüftigen Abzugswege durch den darüber lastenden Wasserdruck und die damit vergrößerte Ausstrudelung sich bald erweitern werden. Abgesehen von der Stauhöhe rechnet zum Druck auch die in der Beckensohle (evtl. in Schottern) stehende Wassersäule.

In porösen Sanden und Mergeln kann durch Einschlämmen oder Einspritzen irgendeines verklebenden natürlichen oder künstlichen Stoffes die gewünschte Dichtigkeit erzielt werden, so z. B. mit Lehm bei Sand und mit sandigem Lehm bei Kies. Die steigende Wassersäule preßt den Lehmschlag wie Pfropfe in die Poren. Die natürliche Verschlämmung, wie man sie von Fluß- und Seebetten kennt, arbeitet mit. Der Klöntaler Stausee z. B. ruht über Bergsturzmaterial durch $1^1/_2$ m natürlichen Schlick abgedichtet.

Von allergrößter Wichtigkeit ist, daß ein schon von Natur aus verschlämmter Beckenboden bei den Bauarbeiten nicht unnötig verletzt wird.

In Bergbaugebieten ist Rücksicht auf alte Halden und Stollen und erst recht auf die noch betriebenen zu nehmen.

Die Standfestigkeit, also der natürliche Böschungswinkel der Ufer des Beckens, ist unter Wasser naturgemäß ein anderer als an Luft. Besonders machen sich die Unterschiede mit mechanischen und chemischen Einwirkungen im Bereiche des häufig wechselnden und wellenbewegten Wasserstandes bemerkbar. Es ist der gesamte Staubereich verschieden tief je nach der Bodenart von Wasser durchtränkt und damit neuartigen Verhältnissen ausgesetzt, denen er sich anpassen muß. Quellbare Gesteine, wie Lehme und Tone, geraten besonders leicht ins Gleiten und bieten, selbst nur als Zwischenlage unter anderen, nach wiederholter Benässung diesen eine Rutschzone. Ähnlich wirken ins Becken ausstreichende mit Lehm verklebte Klüfte, so daß auf solchen selbst im Massengestein ganze Bergteile ins Gleiten geraten, ebenso wie im Schichtgebirge Kalk- oder Sandsteine auf einer Tonlage abrutschen. Beim Absenken entsteht ein Gefälle des Grundwassers zum Stauspiegel. Wasserdurchlässige Uferstrecken, wie z. B. Schotter, entwässern schnell ohne Setzungserscheinungen, zeigen also keine Abrutsche; gering durchlässige hingegen lassen den inneren Wasserspiegel nur langsam sinken, schwinden und reißen, womit Abgleitungen entstehen.

Eine besonders gefährdete Region ist die Übergangszone vom aufgewitterten zum festen Gestein — im allgemeinen nur wenige Meter tief —, wo sich von den Niederschlägen das sog. Mittelwasser ansammelt und bewegt. So weit reicht völlige Durchtränkung mit Stauwasser auch in tiefer undurchlässigem Gestein. Frost- und Trockenrisse in tonigem Erdreich z. B. lassen überraschend viel Wasser so weit versinken. Auch beim Absenken des Stauspiegels bewegt sich in dieser Zone ein Grundwasserstrom. Es ist bezeichnend, daß die meisten Abrutsche nach dem Absenken stattfinden, veranlaßt freilich auch durch den dann fehlenden, vorher gleichsam stützenden Auftrieb des Beckenwassers. Diese Überlegungen gelten auch bei Benutzung natürlicher Seebecken.

Böschungswinkel des gewachsenen Bodens stehen auch unter Wasser steiler als von geschüttetem.

Auslaugungen im Beckenraum infolge Lösung von Salz oder Gips bei der Berührung mit Wasser gefährden nicht unter allen Umständen die Dichtigkeit, fordern sorgfältigste Verhütung im allgemeinen nur in ihrer Beziehung zur Sperre und in deren näherer Umgebung. Durch die Auslaugungen werden bald Gehängerutsche entstehen, wodurch die Angriffsfläche auf die leicht löslichen Gesteine vermindert wird. Wenn sich das Stauwasser durch diese nur keinen seitlichen Ausweg fressen kann, und wenn nur nicht die Sperre, auch nicht durch chemische Einwirkungen — Sulfatwasser zersetzt den Zement —, in Mitleidenschaft gezogen wird, so ist dieses Gefahrengebiet nicht so wesentlich, wie man zunächst anzunehmen geneigt ist.

Für die Gehänge über dem Stauraum sei folgendes erwähnt: Der Oberboden und der Schuttmantel sind quantitativ und qualitativ ein anderer im Wald- als im Freiland, an der Wetter- als an der Leeseite. Gekriech zeigt sich kenntlich an Hackenschlangen und Überlagerung durch fremdes, von oberhalb kommendes Gestein. Abspülung ist praktisch bedeutungslos, außer in nackten Gebieten bei Sturzregen und starker Schneeschmelze.

Im Wald finden nur oberflächliche Schuttabfuhren entsprechend dem Böschungswinkel und im allgemeinen keine zusammenhängenden Bewegungen statt. Die Durchwachsung des Bodens wirkt wie eine Drainage, so daß starke Durchtränkung — das Lockerungsmittel — nicht zur Wirkung kommt. Im Grasland hingegen entwickeln sich häufig zusammenhängende Bodenbewegungen sowohl der Rasendecke als des Erdreichs unter dem Wurzelgeflecht. Jede besonders feuchte Stelle zeigt Aufwulstungen und kleine Muldenbildung. Erdschlipfe lösen sich schon bei 25° Neigung in jedem Frühjahr ab, viel weniger natürlich an trockenen Hängen.

Anzeichen der Bodenbewegungen geben die Krümmungen der Bäume, indem auf jede Schrägstellung der Stamm mit einer Ausbauchung antwortet. Aber die hangabwärts gerichteten Knie und die Stelzwurzligkeit sind (nach Lit.-Nr. 13) nicht Folgen des Rutschens des Bodens, sondern der Abspülung.

Zur Verdeutlichung des Gesagten vergleiche man die Stellung alter Grenzsteine im Wiesen- und Waldland.

Von welcher Bedeutung es ist, fertige Bauzonen nicht den Wettereinflüssen offen liegenzulassen, sondern mit Wald zu umkleiden, ergibt sich aus obigen Ausführungen von selbst.

Weiteres über natürliche Bodenbewegungen lese man zusammengestellt bei Stiny[23]) (S. 386—420).

Künstliche Eingriffe ins Gehänge des Beckens sollten, wenn nicht zwecks Befestigung in jedem zur Unbeständigkeit neigenden Boden, unterbleiben. Unterschneidungen führen selbst am Felshang oft zu Nachstürzen.

Straßenverlegungen wollen auch vom geologischen Standpunkt aus sorgfältig erwogen sein.

Böschungsarbeiten, d. h. Befestigungen durch Entwässern, Abpflastern, Faschinenverbau, Aufbringen von Kies- oder Steinschüttung, besonders Anpflanzen und Aufforsten, mögen die Hauptgefahren dämmen, wenn man nicht die Natur den Ruhezustand selbst schaffen lassen will, dem man ja von vornherein im Gesamtplan Rechnung tragen kann. Kulturen und Siedelungen sollten nicht in Mitleidenschaft gezogen werden.

Wo Mulden und Anrisse ins Becken führen, werden diese irgendwie ausgekleidet, um sie nicht der Verwilderung und die Ufer damit nicht einer Gefährdung auszusetzen. Abpflasterung toniger Ufer wird wasserdicht ausgefugt, bei durchlässigem Boden mit Steinen ausgezwickt, damit keine Ausspülungen stattfinden.

Jedes Staubecken ist ein Klärbecken. Beträchtliche Gesteinsmassen, die von vornherein ernste Berücksichtigung verdienen, bringen als Geschiebe und Sinkstoffe die Seitenbäche und der Hauptzufluß herbei. Die natürliche Talgefällskurve wird durch den Stau unterbrochen; in den steileren Ober- oder Mittellauf ist künstlich ein Stück Unterlauf, eine neue künstliche Aufschotterungsfläche und Erosionsbasis eingeschaltet, auf der das Gefälle gleich Null wird, sich also Deltaschüttungen entwickeln müssen. Nach oben beginnt eine neu regulierte Erosion zu wirken. Alle diese Eingriffe in den bisherigen Zustand bewirken oberhalb des Beckens verstärkte Erosion, neue Geschiebeverteilung neben Aufschotterung im Becken selbst. Schon jede Veränderung des Stauspiegels beunruhigt am Beckeneingang die Geschiebeverteilung. Hochwässer gar schaffen oft ganz neue Verhältnisse. Verbauungen, wie an Wildbächen, arbeiten neben den Uferbefestigungen den unerwünschten Erscheinungen entgegen. Die stoßweise Abfuhr muß in langsam sich vollziehende verwandelt werden.

Muren entwickeln sich nur, wo Schutt offen liegt oder ungewöhnlich große Wassermengen das Erdreich leicht aufreißen können. Bei innerer Überlastung infolge der Wasseraufnahme gerät der Schutt wie Brei in Bewegung. Über die geologische Arbeit des fließenden Wassers bringt Stiny[23]) (S. 420—469) sehr beachtenswerte Angaben.

2. Die Sperren.

Die Sperre will dichten Abschluß schaffen; sie ist das wichtigste Glied im Bauplan, die geologische Voruntersuchung also von größter Verantwortung. Brüche von Talsperren, selbst schon von Stauweihern, richten talab gewaltige Verheerungen an. Fast alle bisher bekannten Unglücksfälle sind durch Wasserbewegungen und Auskolkungen bzw. Unterdruck unter den Bauwerken veranlaßt worden. In Anbetracht der Bedeutung der Betriebssicherheit solcher Anlagen erließ die Preußische Staatsregierung 1907 „Allgemeine Richtlinien für Bau und Betrieb von Sammelbecken“. Ähnliche Vorschriften haben die meisten Kulturstaaten.

Der Wasserstau geschieht durch Wehr, Damm, Schwergewichts- oder aufgelöste (gegliederte) Mauer oder durch gemischte Bauweisen. Meist trägt jede Art im Innern oder wasserseits wasserdichtende Kerne oder Belage aus Ton oder präpariertem Beton oder einem anderen zweckmäßigen Wasserschutz, der bis in das unter- und seitlich liegende vollkommen geschlossene, also dichte oder künstlich gedichtete Erdreich bzw. in ebensolchen Fels hineingreifen und so Flanken- und Sohlenschluß schaffen muß. Stärkere Durchsickerungen aus dem Becken im Bereich der Abdichtung, als sie in jedem kunstgerechten Bau auftreten, dürfen sich unter keinen Umständen entwickeln, andernfalls die Standsicherheit und damit die Lebensdauer der Anlage fast immer beschränkt ist.

Die Grenzfläche zwischen Boden und Bauwerk ist der meistgefährdete Teil einer Sperre. Die Auflagerungsfläche hat nicht bloß senkrechten Druck, sondern auch Schubkräfte auszuhalten. Bei Wehren sind sie meist gering, Dämme nehmen sie durch ihre Masse auf. Bei Mauern werden durch Tiefgründung und Einpressen von Zement Bausohle und Untergrund zusammen verschweißt und wasserdicht gemacht. Sollte sich trotzdem Stauwasser durchdrücken, das nicht mit den Mauersickerungen abgeführt ist, so entsteht, ganz abgesehen von evtl. Erweichen der Unterlage, Auftrieb entsprechend der hydrostatischen Spannung, der sich rasch über das in der statischen Berechnung zur Sicherung vorgesehene Maß steigern kann. Die gänzliche und dauernde Unbeweglichkeit der Gründungssohle, die Hauptforderung, ist nicht mehr erfüllt.

Abschlüsse und Auslässe sind bei allen Sperrarten besonders stark Unterquellungen ausgesetzt.

a) Wehre.

Wehre erfordern festes Widerlager, das nicht unterspült werden darf, also dichten Untergrund, standsicheren Unterbau, falls nicht Fels vorliegt und befestigtes Sturzbett. Die Bauweisen sind sehr verschieden, die Beanspruchungen entsprechend den niederen Stauhöhen im allgemeinen gering. Geschüttete Wehranlagen kommen kaum mehr zur Verwendung, massive oder aufgelöste bedürfen zuverlässigsten Schutzes gegen Unterspülung und Setzungen.

In Fels und undurchlässigen Untergrund darf der Wehrkörper verhältnismäßig oberflächlich einbetoniert werden. Glattes Aufsetzen auf bloßgelegten Fels wäre ungenügend. Bei durchlässigem (Kies- und Sand-) Boden wird mit ihrem Gewicht wirkende tiefere und breite Fundierung, nötigenfalls mit Bodenplatten, angebracht. Ober- und unterhalb des tragenden Wehrkörpers ins Erdreich geschlagene oder eingebaute Wände aus Holz, Beton oder Eisen, auch Lehmschläge, womöglich bis auf tiefer liegende undurchlässige Zonen, schneiden Druckwasser den Zutritt völlig ab oder erschweren oder verlängern ihm doch den Weg, wodurch Druck, Strömungsgeschwindigkeit und damit Spülkraft vermindert werden. Die Uferanschlüsse binden tief in den gewachsenen Boden und bis über die Höchstwassergrenze ein, damit auch Umspülungen unterbunden sind.

Bei aufgelösten Wehrkörpern ist die Standsicherheit der Pfeiler die wichtigste geologische Forderung zur Erzielung der Betriebssicherheit.

Das Sturzbett kann natürlich belassen werden, wenn es aus widerstandsfähigem Fels besteht. Auf anderen Böden werden Pflasterungen und ähnliches erforderlich. Bildung und Zurückfressen eines Kolkes bis ans Bauwerk muß auf alle Fälle verhindert sein.

Grundsätzlich sind alle Einlauf- und Auslaßstellen verstärkten Angriffen ausgesetzt, da sich hier die Strömungslinien zusammendrängen.

Vom Werkkanal gilt Ähnliches, wie später im Abschnitt „Ableitungen" gesagt wird (S. 32ff.).

In Laufwerken findet kaum ein Absetzen der vom Wasser mitgeführten Gesteinsteile statt; sie sollen aber möglichst wenig in den Werkkanal und noch weniger in die Turbinen gelangen. Auch Verkiesung des Wehrs ist unerwünscht. Das Studium der Geschiebe- und Schlammführung des Einzugsgebietes wird bei solchen Anlagen von großer Bedeutung für die Wirtschaftlichkeit.

Voruntersuchungen im Bereiche des Wehrbaues lediglich mit Peilstangen haftet große Unsicherheit an; zuverlässigen Aufschluß über die Bodenverhältnisse geben nur Probegruben. Die wichtigsten Beobachtungen beziehen sich auf die Dichtigkeit des Flußbettes infolge natürlicher Verschlämmung, auf die Schichtfolge und deren Durchlässigkeiten und auf Art und Erfolg der Wasserhaltung und des Rammens von Spundwänden.

Das Besondere der geologischen Voraussetzungen für die großen Niederdruckanlagen in unseren Strömen wird in einer anderen Abhandlung erörtert werden.

b) Staudämme.

Staudämme, aus Erde und Steinen verschiedenster Art geschüttet und mit den verschiedensten Arten Wasserdichtungen, sind in Europa fast nur für kleine Anlagen (bis 15 m Stau), in anderen Erdteilen aber bis zu 60 m und mehr in Verwendung. Von der Geländebeschaffenheit und vom Untergrund sind sie weit weniger abhängig als Mauern; wo letztere wegen Fehlens von undurchlässigem und standfestem Fels unmöglich werden, sind Dämme oft noch ausführbar. Ihr eigentliches Gebiet sind die Aufschwemmungsböden. Nicht nur in der Wahl des Standortes, auch in der des Schüttmaterials braucht man nicht ängstlich zu sein, wenn es nur genug und billig ist und wenn der Bau selbst und ebenso der Untergrund nur hinreichend gedichtet und standfest erhalten werden können. Geringe Bewegungen mögen Dämme erfahrungsgemäß ertragen, und da sie verhältnismäßig billig zu errichten sind, kann man größere Massen wirken lassen. Gewissenhafte Bauausführung ist aber nicht weniger wichtig als bei Staumauern.

Der Untergrund muß die Last des Staues und der Sperre tragen, jedenfalls nicht solchen Verlagerungen ausgesetzt sein, die zum Reißen der Abdichtungen führen. An von Natur durchlässigen Zonen wird nötigenfalls dem Sickerwasser durch Wände der Weg verbaut oder doch verlängert, wie bei den Wehren erörtert, falls der Damm selbst keinen dichtenden Kern enthält. Letzterer greift so tief, bis möglichst jede Zirkulation unterbunden oder aber auf ein unwirksames Mindestmaß beschränkt ist.

In Zweifelsfällen müssen, ähnlich wie bei Wehranlagen, mehrere Meter tiefer greifende und nachher wieder dicht verfüllte Probegruben Gewißheit verschaffen, daß auch im tieferen Untergrund keine Strömungen vorhanden sind, die etwa gar mit dem Becken in Verbindung stehen. Temperatur- und Färbungsbeobachtungen helfen dabei, wie in allen Fällen, wo es sich um Nachweis von Wasserzusammenhängen handelt.

Wo völlig dichter Abschluß aber auf keine Weise zu erzielen ist, also Druckwasser an der luftseitigen Böschung zu erwarten bleibt, kann trotzdem noch, wie die Erfahrung gelehrt hat, bei entsprechend flacher Böschung und besonderer Bauart des Dammfußes (meist unter Verwendung von Flächendrainage) und bei mäßiger Stauhöhe Betriebssicherheit erwartet werden. Grobe Durchsickerungen, Wasseradern darf man jedoch nicht hinnehmen.

Findet Strömungsdruck Zutritt unter das Bauwerk und sammeln sich gar die Strömungsfäden an einzelnen Stellen, so wird die Boden- bzw. Baumasse hochgetrieben, es entstehen Zerrungen und Vergrößerungen der Eintrittswege, die Sperranlage geht an Grundbruch verloren. Hierin liegt die allergrößte Gefahr für alle Sperrbauten, die geologische Voruntersuchung erhält entscheidende Bedeutung.

Die Dammschüttung wird dem natürlich oder künstlich wasserdichten Schwemm- oder Verwitterungsboden oder besonders vorbereitetem Fels in Lagen aufgepreßt, nachdem die natürliche Bodenfläche abgeräumt, von Pflanzenresten gesäubert, tief aufgepflügt, eingewalzt und angefeuchtet ist. Zu toniger Boden wird mit sandigem und umgekehrt vermischt, auch sonst wird an Vorarbeiten vorgenommen, was die Örtlichkeit verlangt. Wurzel- und Wühlgänge, Schutt- und Sandlöcher, Stränge alter natürlicher oder künstlicher Gerinne dürfen natürlich nicht erhalten bleiben. Die eingehende Untersuchung über den Grad der Durchlässigkeit unmittelbar unter der Dammbasis wird von Bedeutung für die Wahl der Bauweise.

Die Grenzfläche zwischen dem Natur- und dem Schüttboden ist eine empfindliche Zone erster Ordnung.

Im Damm selbst kommt verschiedenartiges Schüttmaterial in verschiedener Aufbringungsart in Verwendung, nötigenfalls mit entsprechend verschiedenen Dichtungseinlagen im Kern oder in der wasserseitigen Hälfte. Als geeignetste selbstdichtende Dammerde gilt Lehm mit 50—60 Raumhundertsteln Sand, nach französischen Angaben mit 30—70%. Sowohl zuviel als zuwenig Tonmasse wirkt schädlich. Gute Erfahrungen hat man allenthalben mit Erde von 2 Teilen Sand und 1 Teil Ton gemacht. Neuere Laboratoriumsuntersuchungen weisen nach, daß gegen Angriffe von ruhigem und bewegtem Wasser der geeignetste Lehm 15—18 Vol.-% Sand enthält, und daß Lehm von 30 Vol.-% Ton an ebenso undurchlässig wie reiner Ton ist. Unter 0,02 mm Korngröße nehmen alle Gesteinsteilchen tonähnliche Eigenschaften an.

In richtig gemischtem, klebendem Erdreich wird die Kohäsion ausreichend und die Durchlässigkeit so gering, daß Druckwasser weder mit seiner Menge noch mit seiner Geschwindigkeit ausspülen kann*). Schädigungen sind bei gewissenhaftem inneren Auftrag höchstens beim Austritt durch Wegschwemmung feiner Teilchen oder Durchweichung der äußeren Dammseite und beidem zufolge durch Abrutschung luftseits möglich.

Nicht unerwähnt bleibe die Bodengewinnung, Schüttung und Dichtung mittels des amerikanischen Einschwemmverfahrens, das aus der Seifengoldgewinnung abgeleitet ist. Es hat, abgesehen von der hydraulischen Kraftverwendung, seinen Hauptvorzug darin, daß loser, von Druckwasserstrahlen aufgeschwemmter Boden sich von selbst in einer der natürlichen Lagerung nahekommenden Dichtigkeit absetzt, jedenfalls dichter als Trockenschüttung. Hat man genügend Gefälle zur Verfügung, um vom Lösungsplatz ein Gerinne mit der erfahrungsgemäß nötigen Mindestneigung von 3—4% anlegen zu können, so kann man so weit gehen, auch die Anfuhr der Schüttungserde dem Wasser zu überlassen.

*) Hydraulische Kalke in zu sandige Schüttungen gegossen, sollen sich vorzüglich als Dichtungsmittel bewährt haben.

„Die besten Leistungen werden mit einem Nutzdruck von 70—105 m und bei Wassermengen von 280—450 l/sek erzielt. Doch hat man auch schon mit Drucken von 30 m und Wassermengen von 50 l/sek noch gute Ergebnisse erhalten, je nach der Lagerung und der Zusammensetzung des verfügbaren Sehüttbodens.“ Ludin[2]) (S. 1002).

Die Verbandsfestigkeit und Korngrößenverteilung im wegzuspritzenden Erdreich (Lehm, Ton, Sand, Kies, Konglomerate, Mergel, zersetzter Fels u. ä.), dazu die Frage, in welchem Grade die Schüttung das Wasser wieder hergibt, bedürfen der Voruntersuchungen durch den Geologen. Die Beschaffung des Druckwassers und des durchlässigen Sandes für den Fußdamm, hinter dem aufgeschwemmt wird, sind ebenfalls zu erörtern.

Von den besonders eingesetzten Dichtungsmitteln, falls die Schüttung selbst den Wasserabschluß nicht bringt, sondern im wesentlichen nur trägt und schützt, seien nur die Tonschläge bzw. -kerne erwähnt; die übrigen Methoden unterliegen reiner Ingenieurbeurteilung.

Es ist zu berücksichtigen, daß die Dichtungen erhöhten Druck aushalten müssen, daß sie also in gehöriger Dicke eingetragen werden müssen, und daß der Ton auch wirklich völlig undurchlässig und nicht reich Sand haltiger Ton, also nur gewöhnlicher Lehm, ist. Schlämm- und Siebanalysen verschaffen die erforderliche Gewißheit*). Große Verdienste auf diesem Gebiete haben die Forschungen der Schweizerischen Kommission für Abdichtungen des Schweizerischen Wasserwirtschafts-Verbandes und in Österreich der Material-Prüfungsstellen der Bundesbahndirektionen. Außer Dichtungsmitteln werden auch Zusammensetzungen von Beton, Auskleidungen von Druckstollen u. ä. untersucht. Die Stellen empfehlen zur Wasserabdichtung „nur fette, hochplastische Gemenge ohne $CaCO_3$, die bei der Schlämm-

*) Nach Atterberg heißen:

1. Korngrößen größer als 2 mm Kies,
   Korngrößen von 2,0—0,2 mm Sand,
   Korngrößen von 0,2—0,02 mm Mo oder wasserhaltender Sand,
   Korngrößen von 0,02—0,002 mm Schluff oder Staub,
   Korngrößen kleiner als 0,002 mm Ton oder Schlamm.

2. Ton mit Sand- bzw. Kiesgehalt bis 30 Vol.-% heißt Lehm,
   Ton mit Sand- bzw. Kiesgehalt von 30—70 Vol.-% sandiger Lehm,
   Ton mit Sand- bzw. Kiesgehalt von mehr als 70 Vol.-% Sand.
   Lehm bzw. Sand mit mehr als 20 Vol.-% $CaCO_3$ heißt Mergel.

analyse auf dem 8570-Maschinensieb möglichst geringen und feinen Rückstand hinterlassen. Die Lagen sind in Normalkonsistenz einzubringen und zu erhalten; zu feucht oder zu trocken werden sie leicht durchlässig".

Ramann gliedert in seiner Bodenkunde, 3. Aufl. 1911:

Korngröße in mm	> 5	5—2	2—1	1—0,5	0,5—0,2	0,2—0,1	< 0,1
	Steine (Grus, Kies)	Grand (Grus)	Sehr grober Sand	Grober Sand	Mittelkörniger Sand	Feiner Sand	Abschlämmbare Teile

Weiter gliedert Terzaghi[21]) (S. 8) in Anlehnung an Atterberg:

0,1—0,05	grob Mo,	
0,05—0,02	fein Mo,	
0,02—0,006	grob Schluff,	
0,006—0,002	fein Schluff,	
0,002—0,0006	grob Kolloidschlamm	} Mikroton
0,0006—0,0002	fein Kolloidschlamm	
< 0,0002	Ultraton.	

Das Special Commitee of soils for foundations, ernannt durch die American Soc. of Civil Engineers, wendet folgende Bezeichnungen an:

Bezeichnung		Weite der Sieböffnung in mm: Passiert	Weite der Sieböffnung in mm: Zurückgehalten	Methode der mechanischen Analyse
Steine, Schotter (Pebble)	Grob	32,0	16,0	Sieb mit durchlöcherter Metallplatte
	Mittel	16,0	8,0	
	Fein	8,0	4,0	
Grus (Grit)	Grob	4,0	2,0	Drahtsieb
	Mittel	2,0	1,0	
	Fein	1,0	0,5	
Staub (Dust)	Grob	0,5	0,25	Drahtsieb
	Mittel	0,25	0,125	
	Fein	0,125	0,0625	
Mehl (Flour)	Grob	0,0625	0,03125	Schlämmanalyse
	Mittel	0,03125	0,015625	
	Fein	0,015625	0,0078125	

Die Böschungswinkel, etwas flacher als die des losen Schüttbodens, halten bei sorgfältigem Aufbringen richtigen Materials ausreichend; $1:1^1/_2$ wird vorsichtigerweise aber meist auf $1:2$—3 wasserseits und $1:1^1/_2$—2 luftseits verflacht. Zu starke Durchnässung bei zu sandigem oder zu tonigem Material und Eindringen von Druckwasser an durchlässigen Zonen, außerdem rasches Absenken des Stauspiegels, führen aber doch zu Rutschen, beim Ablassen um so mehr, je undurchlässiger die Flanke ist. Dem entgegen wirken Abpflasterung im hydraulischen Mörtel nach Setzen der Schüttung, Steinschüttungen, Betonbelage, Abfanggräben usw. Talseits wird meist Berasung angebracht.

Die Stellen für Auslaßbauwerke bedürfen besonderer geologischer Prüfung. Bezüglich Sturzpritschen vgl. das bei den Wehren Gesagte. Gegen Wässer, die von der Krone überfallen, gibt es keinen baulichen Schutz. Viele Dammzerstörungen sind durch sie zustande gekommen.

Wo alte Dämme überbaut und erhöht werden, ist vorsichtige Prüfung des inneren Zustandes ratsam. Oft sind sie durch Wühltiere durchhöhlt, wie diese auch neue Anlagen schädigen, wenn keine Vorkehrungen getroffen sind.

c) Mauersperren.

Für größere Stauhöhen, im allgemeinen über 10—15 m, freilich auch für niederere, baut man, festen Untergrund und Dichtigkeit vorausgesetzt, mit größter Sicherheit Gewichtsstütz-Mauersperren, neuerdings in aufgelöster Bauweise. Nur wo geschlossener und fester und so bleibender Fels erschlossen werden kann, sollten größere Mauern errichtet werden. In den häufigsten Fällen wählt man Engstellen zum Abschließen, die Felsen seitlich anstehend zeigen. In oder hinter diesen Widerlager bietenden Nasen wird der Bau eingespannt. Seitlich vermag die geologische Untersuchung meist leicht die natürlichen Vorbedingungen zu erkennen und zu bewerten, in der Talaue aber müssen immer und überall Probeschürfe den Untergrund bloßlegen, bevor ein Projekt ausgearbeitet werden kann.

Die Tiefenlage der Felsschale in der Talaue unter den Schottern ist bei regionalen Erfahrungen und örtlicher Ausschau nach Riffen mit allgemeinen Überlegungen wohl meist annähernd zu schätzen. Da aber die Felsschale in der Länge und Breite unregelmäßig wellenförmig gestaltet ist, ein enger, tiefer Cañon und überhaupt örtlich tiefere Kolke immer möglich sind, und ja auch die innere Beschaffenheit des Felsens geprüft werden muß, gehört dieser in der Sperrentrasse bloßgelegt, und zwar an so vielen Stellen, bis keine Zweifel über die Beschaffenheit und Tiefenlage des Gebirges bestehen.

Nicht selten wird man dabei selbst in flachgeneigten Felsschalen Löcher und klammartige Einschnitte treffen, in denen Wasser möglicherweise unter Druck liegt und, abgesehen von der Vertiefung, andere besondere Baumaßnahmen erfordert. In den Engstellen der Gebirgstäler steht der Fels meist tiefer als im offeneren Querschnitte; in Cañons ist das immer der Fall. Ob also nicht zweckmäßigerweise ein weiteres Profil für die Sperrenanlage gewählt werden soll, hängt von technischen und wirtschaftlichen Erörterungen über den geologischen Befund ab. Unter Endmoränenwällen steigt der Fels als Barre quer zum Tal über das ober- und unterliegende Felsbett herauf, immer freilich noch von Geschieben verkleidet. Bei Karen, das sind Quellnischen der Gletscher, heute meist Bergseen, paßt der Vergleich der Felsschale mit einer Sitzbadewanne. Im Becken liegt Schutt, über den niederen, flachgeböschten Felsrand ist die Moräne getürmt. Überraschungen bringen am ehesten die ehemals vereisten Gebiete, besonders in den Alpen und höheren Mittelgebirgen. Die Aufschotterung der alten Täler erreicht manchenorts viele Zehnmeter, im Lötschberggebiet z. B. erwiesenermaßen über 180 m (vgl. oben S. 2). Auch erinnere man sich an die Vertiefungen der Gletschertöpfe.

Talverengungen finden sich meist, wo der Fels widerstandsfähiger ist; aber nicht alle Engstellen kommen durch Felsrippen zustande, sondern vielfach durch Anhäufung von Schuttkegel- oder Rutsch- und Bergsturzmaterial. Schon Umschau in der Umgebung und allgemeine geländekundliche Gesichtspunkte legen die Verhältnisse schnell klar. Solche Stellen bieten naturgemäß weder Standfestigkeit noch Wasserdichtung.

In den meisten Talschürfen trifft man unmittelbar über dem Fels grobes, oft blockiges Geröll, das die Hauptgefahrenzone darstellt, falls die Kernmauer nicht ins anstehende Gestein getrieben würde.

Wo an erwünschten Stellen für höhere Staue mit wirtschaftlichen Kosten die feste Felsunterlage nicht zu erreichen und andere geologisch günstiger gelegene Plätze nicht zu finden sind, muß man sich mit Dämmen (vgl. oben) begnügen.

Verstärkte Bedeutung kommt bei Mauern den Schub- und Scherkräften zu, die besonders von dem Untergrund und

Widerlager ausgehalten werden müssen. Nur solange sich in diesen keine Gleitbewegungen auslösen, steht die Sperre — richtige Konstruktion vorausgesetzt — völlig sicher. An Druckfestigkeit des überbauten Gesteins wird es nirgends mangeln, sonst ist ja die Sperrstelle wegen der Gesteinsart schon nicht brauchbar; es handelt sich also noch um die Verbandsfestigkeit des Baugrundes, d. h. um Vorhandensein und Lage von Inkohärenzflächen, Klüftung und Schichtung, die seitliche Druckwirkung, Schubkräfte, nicht aushalten können bzw. den hydrostatischen Druck des Wassers über das zulässige Maß an die Gründungs- und Bausohle weiterleiten. Feste, klingende Massengesteine sind weniger gefährdet, nur insofern sie störende Klüftung tragen, um so mehr aber Schichtgesteine, vor allem bei Einschaltung toniger Lagen. Diese erweichen bei Benässung und verlieren ihre Festigkeit.

Allgemein die in den Materialprüfungsanstalten festgestellten Zugfestigkeiten der Gesteine in Rechnung zu stellen, würde zu falschen Folgerungen verleiten. Nicht allein der wandelbare Feuchtigkeitsgehalt verschiebt die Zahlen wesentlich; vor allem: es handelt sich nicht um einzelne Gesteinsstücke, sondern um große Flächen, die belastet werden und die innerlich recht verschiedenen Verband aufweisen können. Es sind wichtig die Klüfte, ihre Zahl, ihre Orientierung zur Hauptdruckrichtung, ob sie geschart sind, unter welchen Winkeln sich kreuzend, ob offen, verlehmt oder noch latent geschlossen, und vieles andere mehr. Bei Schichtgesteinen handelt es sich außerdem ebensosehr um die Folge, Art und Dicke der Gesteinsbänke, als um deren Streichen und Fallen. Wenn das Gestein einheitlich bleibt, ist das beste steile Parallelstellung oder spitzes Querstreichen zur Sperre; stumpfes Querstreichen schafft evtl. unliebsame Verbindung mit dem Beckeninhalt. Einfallen gegen das Becken ist zulässig, bedenklich hingegen flache Neigung in der Hauptdruckrichtung talab. Flache Lagerung ist immer unwillkommen und darf nie zum Einbinden und Aufsetzen an Schichtgrenzen verleiten; nur dicke oder gleichartige Bänke eignen sich dazu, in die einheitlich tief hineingearbeitet werden kann. Verfaltetes Gestein erweist sich im allgemeinen günstiger als taflig gelagertes, sofern es trotz der tektonischen Klüftung dicht hält.

Das ganze Bauwerk sollte möglichst auf ein und derselben Gesteinsart ruhen; wenn es auf verschiedene Lagen fundiert wird, sind deren gegenseitige physikalische und chemische Eigenschaften gegeneinander abzuwägen.

Bei Gewölbemauern wirken die höchsten Drucke auf die seitlichen Widerlager, so daß an deren Standfestigkeit und Undurchlässigkeit noch schärfere Forderungen zu stellen sind, als an die Mauerbasis.

Bei aufgelösten Mauern, wo sich gewaltige Drucke auf einzelne Stützflächen vereinigen, werden deren Zuverlässigkeit, also Geschlossenheit, Druck- und Schubfestigkeit aufs gewissenhafteste durch großflächige Probeschürfe geprüft, und zwar einzeln für jeden Pfeiler.

Erhält Wasser durch das Gestein bzw. Fundament Zutritt unter das Bauwerk, so entsteht entsprechend der Stauhöhe Unterdruck, d. h. Auftrieb, der bestrebt ist, die Mauer abzuheben bzw. nach außen zu kippen. Dadurch öffnen sich Fugen, größere Angriffsflächen, die immer mehr Wasser nachziehen. Der Wassergehalt schafft außerdem gleichsam geschmierte Flächen.

Mengenberechnung und Abwehrmaßnahmen für solches Unterdruckwasser sind wichtige Teile der geologischen Prognose. Es handelt sich nicht nur darum, Untergrund zu finden, der möglichst fest und geschlossen ist, sondern der es auch bleibt.

Um möglichst sicher zu gehen, bindet man einen spornartigen Kern der Mauern $1^1/_2$—$2^1/_2$ m tief in den als vollkommen frisch, fest, geschlossen und klingend erkannten Fels in der Sohle und an den Flanken ein. Die Anbindflächen werden aufgeraut, abgespritzt, an inhomogenen Stellen je nach Bedarf tief mit Zement injiziert. Für den Mauerfuß werden Abtreppungen schräg in den Fels gestuft und ähnlich behandelt. Sprengen in der Gründungszone soll man vermeiden. Tonstampfungen und Sohlendränagen sind fast nirgends fehlende Vorsichtsmaßnahmen.

Wie schnell felsfrische Tone in Berührung mit Wasser erweichen, wurde früher schon gesagt. Kommt eine Sperre in Tongebirge, so wird sie beim Ausschachten Tonfels treffen, der geschossen werden muß. Auf Erhaltung dieses Gesteins als Fels ist ängstlich zu achten, also Abhaltung von Wasser, von Luftfeuchtigkeit und später auch von Schwitzwasser aus der Mauer von entscheidender Bedeutung.

Daß chemisch leicht angreifbare oder angreifende Stoffe wie Salze, Gipse, Schwefelkies, z. B. auch Dolomitgesteine, nicht im Baubereich vorkommen dürfen, braucht nach all dem, was sonst erörtert wurde, nicht mehr besonders ausgeführt zu werden. Auch durch das Stauwasser dürfen keine schädigenden Stoffe Zugang erhalten. Moor- und Meerwasser, Gips, Magnesia, Schwefelwasserstoff, freie Kohlensäure und reines, also an gelösten Stoffen sehr armes oder gar freies Wasser zerfressen den Beton.

Die besten geologischen Vorbedingungen liefern das Grundgebirge und die meisten anderen Massengesteine. Freilich gibt es z. B. Granite, die bis in viele Dekameter Tiefe mürbe sind, oder z. B. Basalte, sog. Sonnenbrenner, die bei Luftzutritt bröckeln. In beider Bereich gibt es aber auch meist felsharte Zonen, die gang- oder flächenhaft ausgebreitet sind oder aber nur kugelige, „wollsackige Gestalt" haben. Es bedarf sorgfältiger Prüfung, damit nicht eine kleine Fläche klingender Felsen zum Bau verleitet, in Wahrheit aber die gesamte Umgebung mürbe und unbrauchbar ist. Schichtgestein eignet sich nach Art und Lagerung höchst unterschiedlich, wie aus der oben gegebenen Übersicht schon hervorgeht. Täler verlaufen mit Vorliebe auf größeren tektonischen Störungszonen; mit Klüftung und Verruschelung des „festen" Felsen ist also für die allermeisten Talsperrenbauten zu rechnen.

Nicht außer acht zu lassen sind die Erdbebenverhältnisse des auszubauenden Gebietes, obgleich darin natürlich nie Sicherheit erreicht werden kann. Ein in tektonischer Lage und Vulkanismus junges Gebiet ist eher Bewegungen ausgesetzt als eine alte versteifte Scholle. Beobachtung der hauptsächlichen tektonischen Linien mittels Feinnivellement ist empfehlenswert, wenn ein Bau in sie gelegt werden soll. Talsperren sollten solchen Zonen aus dem Wege gehen. Wohl vermag die Elastizität der Bauwerke kleine und nur allmählich sich entwickelnde Gebirgsbewegungen auszuhalten; stärkere Rucke aber, die wir als Erdbeben empfinden und die sich am stärksten an alten Narben, das sind tektonische Zonen, des Erdkörpers bemerkbar machen, können zum Bruche des Werkes führen. Dämme sind weniger empfindlich.

Schon aus diesen wenigen erörterten Hauptgesichtspunkten zeigt sich, wie sorgfältig und vielseitig die geologische Voruntersuchung vorgehen muß, wenn der Sperrenplatz nicht zum vornherein Krankheiten in sich tragen soll.

3. Die Ableitungen.

Die Ableitung erfolgt durch Hangkanal, Hangleitung, offen oder verdeckt, oder durch Stollen oder Verbindung dieser verschiedenen Anlagen je nach der Geländebeschaffenheit. Möglichst einfache Arbeitsvorgänge auf standsicherem Grunde sind verlangt.

Welche Bauweise auch gewählt wird, immer muß das Gelände aufgeräumt und gegen Überschüttung und Rutschgefahr gesichert, nötigenfalls dräniert werden. Die größte Gefahr liegt dort, wo Tonlagen den Untergrund ganz oder teilweise bilden. Schrunden und unregelmäßige Buckel am Gehänge sind Anzeichen. Ebenso sind Quellzonen immer unerwünscht. Einzelne Austritte können wohl abgefangen werden. Ähnlich wie gleitende Gehängeteile gefährden die Trasse rutschende Gesteinsblöcke und abbrechende Felsmassen. Wollsackige Granitverwitterung z. B. befördert mit der Zeit einzelne ihrer großen Blöcke zu Tal.

Frostwirkung hilft bei der Auflockerung jedes Gehänges entscheidend mit. Die Gefriertiefe ist, abgesehen von der klimatischen Exposition, im wesentlichen von der Dauer der Frostperioden und der Bodenbedeckung abhängig. Klüftiges Gestein gefriert am tiefsten, gewöhnlicher Verwitterungsboden unter Rasen- und Schneedecke nach 1—2 Monaten Frost bis $^1/_4$—$^1/_2$ m Tiefe, bei Schneefreiheit bis über das Doppelte. In Mitteleuropa hat man bis in mittlere Höhen hinauf noch nie über 1—1$^1/_2$ m Gefriertiefe des Bodens beobachtet.

Normaler, lehmig-steiniger Gehängeboden steht genügend mit seinem natürlichen Böschungswinkel. An der Grenze gegen den frischeren, festeren Untergrund sammelt sich bei größeren Niederschlägen, auch bei Schneeschmelze im aufgetauten Boden Feuchtigkeit an, das sog. Mittelwasser, das mit seinem hydrodynamischen Druck der Hauptveranlasser von Bewegungen wird. Diese Zone erfordert allgemein besondere Beachtung; die Schuttquellen kommen aus ihr. Wald- und Grasgebiete verhalten sich nach dem oben S. 18 Gesagten verschieden.

Schutthalden sind im allgemeinen leicht abzuräumen oder durch Verbaue unschädlich zu machen, Felsenmeere nach den bisherigen Erfahrungen fast überall so verkeilt, daß durch breiteres Planieren der Trasse und Ausbau zur Fahrbarkeit drohende Gefahren beseitigt sind. Man kennt viele Felsenmeere, die sich in der Diluvialzeit gebildet haben und heute noch am Gehänge liegen, wo sie aus dem Untergrund entstanden.

Die weitaus empfindlichsten Stellen bieten immer die Dobel und kleinen Gehängemulden; denn in ihnen sammeln sich dauernd Schutt und Wasser, die zu feuchter Jahreszeit oder gar bei Hochwasser in größere Bewegung geraten. Tief fundierte Stützen oder Hochlegen des Kanals oder Überführung mittels Sprengwerk oder ähnlichem ist für solche Stellen unerläßlich.

Ähnliche Vorsichtsmaßnahmen erfordern die Schuttkegel der Seitenbäche. Für ehemals vereiste Gebiete sei besonders auf Moränenreste aufmerksam gemacht, die als geschlossene Decke oder als Flecken den Talhängen noch ankleben, Abgleitungen in solchen Bezirken ereignen sich alljährlich. Wo in flachen Moränen- und Geschiebemergelgebieten ähnlich wie im Tonbereich die Böschungen gleiten, ist immer durch Aufbringen von Kiesschüttungen, unter Umständen freilich von beträchtlicher Dicke, Standfestigkeit zu erzielen, wenn sonst übliche Methoden nicht helfen.

Wichtig für die Standfestigkeit des Gehänges ist die Bewachsung (vgl. darüber Abschnitt „Becken"). Bepflanzen mit tiefwurzelndem Gehölz oder mit Wald befestigt nicht nur den Boden, sondern reguliert auch Regenwirkung und Wasserabfluß günstig; ein Allheilmittel ist die Aufforstung aber auch nicht.

a) Hangleitung.

Eine Hangleitung (Eisen- oder Holzrohre) liegt überall sicher, wo auch ein einfacher Weg standhält. Die Rohre ruhen meist auf Betonsätteln, die feste Gründungsflächen erfordern. Allen Setzungen und damit Verbiegungen der Leitung muß vorgebeugt sein. Es entstehen An- und Einschnitte, Dämme und Überführungen, auch Durchtunnelungen.

Die Böschungswinkel in An- und Einschnitten hängen von der Lagerung, Verbandsfestigkeit der angeschnittenen Gesteine und von den allgemeinen Wasserverhältnissen ab.

Aus der praktischen Erfahrung heraus gibt E. Link in „Erdbau", Bd. 630 der Göschensammlung, die umstehende Tabelle 1 für natürliche Böschungswinkel und Böschungsverhältnisse im Einschnitt und in der Auffüllung. Beobachtungen am Gehänge sind aber nie entbehrlich, da örtliche Einflüsse entscheidende Be-

Tabelle 1.

Natürlicher Böschungswinkel und Böschungsverhältnisse im Einschnitt und in der Auffüllung.

Gruppe	Bodenart	Natürlicher Böschungswinkel β	Böschungsverhältnisse für die Ausführung			
			im Einschnitt		in der Auffüllung	
			Böschungsverhältnisse	Raumgewicht	Böschungsverhältnis	Raumgewicht
1.	2.	3.	4.	5.	6.	7.
I.	Loser feiner Sand Mutterboden	30° bis 37°	1 : 1³/₄ bis 1 : 2	1,4 bis 1,8	1 : 2 bis 1 : 2¹/₄	1,4 bis 1,8
II.	Grober Sand Feiner Kies	32° bis 38°	1 : 1¹/₂ bis 1 : 1³/₄	1,5 bis 1,7	1 : 1¹/₂ bis 1 : 2	1,4 bis 1,7
III.	Steiniger Sand Sandiger Lehm	35° bis 45°	1 : 1 bis 1 : 1¹/₂	1,5 bis 1,7	1 : 1¹/₂ bis 1 : 1³/₄	1,4 bis 1,7
IV.	Grober loser Kies Kleines Gerölle	42° bis 48°	1 : 1 bis 1 : 1¹/₂	1,6 bis 1,9	1 : 1¹/₄ bis 1 : 1³/₄	1,5 bis 1,8
V.	Lehm, Ton, Mergel, trocken;	37° bis 45°	1 : 1¹/₂ bis 1 : 2	1,7 bis 2,0	1 : 1¹/₂ bis 1 : 2	1,5 bis 1,8
	Lehm und Ton, weich	herunter bis 25°	1 : 1³/₄ bis 1 : 2	1,8 bis 2,0	1 : 2 bis 1 : 2¹/₂	1,7 bis 1,8
	Lehm und Ton, mit Wasser gesättigt	herunter bis 10°	1 : 2¹/₄ bis 1 : 3¹/₄	1,9 bis 2,1	1 : 2³/₄ bis 1 : 3³/₄	1,8 bis 2,0
VI.	Festes Gerölle, verwitterter Fels	—	1 : ¹/₂ bis 1 : 1	1,7 bis 2,2	1 : ³/₄ bis 1 : 1	1,7 bis 1,9
VII.	Brüch. Schiefer, klüftiger, weicher Sand und Kalkstein	—	1 : ¹/₃ bis 1 : ¹/₁₀	2,2 bis 3,0	1 : ¹/₃ (Trockenmauern) bis 1 : 1	1,7 bis 1,9

Tabelle 2.

Einteilung der Bodenarten und Arbeitszeit zum Lösen und Laden von Hand.

Gruppe	Klasse			Bodenart	Erforderliche Werkzeuge zum Lösen von Hand	Arbeitsstunden pro 1 m³ gewachsenen Boden Lösen	zum Laden	zusammen
	1.	2.	3.	4.	5.	6.	7.	8.
Stichboden	leichter	I.	1 2	loser feiner Sand Mutterboden, Ackerboden	Schaufel	bis 0,7	0,6	1,3
	mittelschwerer	II.	3 4 5 6 7	grober Sand feiner Kies feuchter Sand Torfmoor lehmiger Sand	Spaten und Schaufel	bis 1,0	1	2,0
	schwerer	III.	8 9	steiniger Sand sandiger Lehm	dgl., Pickel, Keile und Schlegel	bis 1,5	0,5	2,0
		IV.	10 11 12	grobsteiniger Boden grober, loser Kies kleines Gerölle	dgl., und Hand	bis 1,5	0,7	2,2
Hackboden	leichter	V.	13 14 15	Lehm Ton Mergel	Pickel, Schlegel, Keile und Brechstangen	bis 2	0,7	2,7
	schwerer	VI.	16 17	festes Gerölle verwitterter Fels	dgl. und Hand	bis 3	1	4
Hackfels		VII.	18 19 20	brüchiger Schiefer klüftiger, weicher Sandstein klüftiger, weicher Kalkstein	wie vor., mit teilweiser Anwendung von Sprengmitteln, ohne maschinelle Bohrung	bis 5 und mehr	1	6 und mehr

Tabelle 3. Gewinnungsfestigkeiten.

Bezeichnung	Stichgebirge (rolliges Gebirge)		Hackgebirge (mildes Gebirge)		Schußgebirge (festes und sehr festes Gebirge)			
	sehr locker	locker	bindig	gebräch	gebräch	fest	sehr fest	
Lösegeräte	Schaufel und Spaten	Schaufel und Spaten (Keile und Schlägel)	Breithacke, Keile und Schlägel	Spitzhacke, Kreuzhacke, Keilhaue, Brechstange	Spitzhacke, Keilhacke, Treibekeil, Brecheisen, Bohrung und Sprengmittel	Bohrung und Sprengmittel, Brecheisen	Bohrung (nach Befund Bohrmaschine und Sprengmittel)	
Bodenklasse	I	II	III	IV	V	VI	VII	
Erdart	Erdarten ohne Zusammenhang: Sand, Gartenerde, Kies ohne Bindemittel	Erdarten mit geringem Zusammenhang: Sandiger Lehm, leichter Ton, feiner Kies mit Bindemittel	Erdarten mit starkem Zusammenhang: Schwerer Lehm und Ton, Letten, Mergel, steiniger Boden, loses Gerölle	Trümmergestein: Weichere Sandsteine, zerklüfteter Kalkstein, kleinbrüchiger Schiefer, festes Gerölle	Gestein in Bänken von nicht zu großer Mächtigkeit und Festigkeit: Schiefer und Sandstein, Kalk, Kreide, Konglomerate	Felsen in geschlossenen starken Bänken: Feste Schiefer, harte Sandsteine und Kalksteine	Harter Felsen der ältesten Schichten: Gneis, Granit, Quarz, Syenit, Porphyr	
Leistung eines Arbeiters	1,0—2,0	0,7—1,0	0,45—0,7	0,3—0,45	0,22—0,3	0,16—0,22	0,1—0,16	m³ pro Stunde
Im Durchschnitt	1,5	0,85	0,6	0,4	0,25	0,20	0,13	
100 m³ Bodenmassen wiegen im Abtrag	150	160	180	200	220	250	280	t
100 m³ Abtragmassen erfordern Raum in den Fördergefäßen	110	120	125	130	135	140	150	m³

100 m^3 Abtragmassen ergeben im Damm nach Verschwinden der vorübergehenden Auflockerung . . .	103	104	106	108	110	113	115	m^3
100 m^3 Boden zu lösen, erfordert Arbeitstage à 8 Stunden	0—4	4—8	8—15	15—24	24—32	32—44	44—72	Tage
100 m^3 gelösten Boden einmal zu werfen oder in ähnliche Fördergefäße zu laden, erfordern Arbeitstage à 8 Stunden	4	4	4	5	5	5,5	5,5	Tage
100 m^3 gelösten Boden in Fördergefäße mit hohen Borden zu laden, erfordert Arbeitstage à 8 Stunden	6,5	6,5	6,5	7	7	8	8	Tage
Theoretische Leistungsfähigkeit des Löffelbaggers	100	100	100	2—3 Hübe pro Minute. Theoretische Leistung = Löffelinhalt × Hubanzahl				—
Tagesdurchschnitt höchstens	50	40	30	—	—	—	—	—
Monatsdurchschnitt höchstens . . .	45	35	25	—	—	—	—	—
Durchschnitt bei längerer Arbeitszeit	40	30	20	—	—	—	—	—
Bohrlochtiefe für 1 m^3 Gestein . . .	—	—	—	—	0,2—0,8	0,5—1,5	1,0—2,1	m
Ausbohrung von Hand pro Arbeitsstunde	—	—	—	—	160—120	100—60	50—30	cm^3
Entsprechend der Länge eines Bohrloches mit 25 mm Durchmesser von	—	—	—	—	32—24	20—12	10—6	cm
Dynamitbedarf pro 1 m^3	—	—	—	—	0,04—0,08	0,12—0,16	0,2—0,3	kg

deutung haben. Am zweckmäßigsten ist Standfestigkeit durch sachgemäße Entwässerung, und zwar schon während der Bauausführung, anzustreben. Verwendungsmöglichkeiten für das gehobene Erdreich werden zum vornherein mit erwogen. Außer Tabelle 1 sei auch die Tabelle 2 nach Link vom angegebenen Orte über „Einteilung der Bodenarten und Arbeitszeit zum Lösen und Laden von Hand" aufgeführt. Tabelle 3 bringt Zahlen der Gewinnungsfestigkeiten nach Försters Taschenbuch für Bauingenieure, 3. Aufl., Berlin 1920. Auch diese Zusammenstellung ist noch mit wesentlichen geologischen und technischen Rubriken zu ergänzen, wofür Unterlagen aber erst weiter gesammelt werden müssen.

Rutschungen in An- und Einschnitten, sowohl berg- als talseits, gehen ebenso vom oberflächlichen Verwitterungsschuttboden aus wie vom unterliegenden festeren Gestein, je nach den Vorbedingungen und der Tiefe des Eingriffes. Gesteins- und Verwitterungsarten, geologisches Profil, Schichtung, Klüftung, Lagerung, Durchlässigkeit, Dichte, Tag-, Mittel- und Grundwasser, Quellen, insbesondere wo Rutschzonen schon vorhanden sind oder sich zu lösen drohen, und manche andere Eigenarten der Natur sprechen dabei mit. In Schutt- und feuchtem Tongelände zeigen sich schon bei Beginn der Arbeit Bewegungen, sobald in das Gleichgewicht eingegriffen wird oder falls in trockener Jahreszeit begonnen wurde, stellen sie sich doch bei Zutritt von Nässe ein. Über alle diese Erscheinungen, ihre Voranzeigung, Bedingungen, Abläufe, Folgen, über Vorbeugungsmaßnahmen und Abhilfen wird in allen einschlägigen Büchern so viel geschrieben, daß hier weitere Ausführungen gespart werden dürfen, zumal oben S. 17 wiederholt auf solche Zusammenhänge hingewiesen wurde. Über Sicherung von Böschungen gegen Schwerkraftwirkung, Wind, Wasser, Auswitterung usw. macht Hoyer[22]) (S. 87—90) sehr bemerkenswerte Angaben, wie dieses technische Buch überhaupt mit großem Verständnis für geologische Voraussetzungen verfaßt ist. S. 97—104 folgt ein Abschnitt über Stütz- und Futtermauern bezüglich Berücksichtigung der Bodenbeschaffenheit und Lagerung bei den Erddruckannahmen, Baustoffen, Mauerprofilen und deren einzelnen Teilen, Abwässerung, Hinterfüllung, Bauzeit, Verkleidungsmauern und Trockenmauern. Wenn die Ausführungen auch für das Eisenbahnwesen geschrieben sind, so bedürfen sie für den Wasserkraftausbau doch nur einzelner und geringer Abschwächungen, die der Praktiker von selbst erkennt.

In den meisten Fällen wird man oberflächlichen Rutschen durch tieferes Eingraben der Leitung ausweichen. Dies bringt außerdem Schutz gegen Baumfall, Steinschlag usw. Der gewählte Weg will immer der sicherste und billigste sein.

b) Hangkanal.

Ein Hangkanal ist viel schwieriger anzulegen, weil er auch Wasserdichtigkeit bieten muß. In den Fels will er der erforderlichen Sprengarbeit wegen möglichst wenig eingreifen, und im Verwitterungsboden bringt er in seltenen Fällen Gewähr gegen schon bedingte oder neu sich bildende Wasserverluste. Mauerwerk und Ausbetonierungen werden teuer und erfordern meistens Nachbesserungen, da sich auch im standsichersten Gehänge Verlagerungen ausbilden, für die eine Betonschale oft zu schwach ist. Außerdem kommt dazu, daß Sickerungen aus dem oberen Gelände neue Wege einschlagen und nicht selten trotz guter Dränage gegen die Betonwand drücken. Alle diese und andere bereits bei den Einschnitten erörterte Lebensäußerungen des Bodens führen zu Rissen im Kanal. Durchsickerungen können ungefährlich sein, aber auch schnell zu Verheerungen anwachsen, wo Ausspülungen und damit Sackungen möglich sind.

An Gehängen vermeidet man daher betonierte Führungen immer mehr, die hingegen in Talauen oder auf flachen Geländestufen, also z. B. auf alten Terrassen, vorzügliche Dienste leisten. In diesen Gebieten genügt vielfach Ausbaggern und lediglich Schutz gegen Strömungswirkung, im Notfalle Auspichen oder Verkleiden mit dichtender Schlämm- oder Stampfmasse. Versickerungen sind hier auch vom Stande des Grundwasserspiegels des Nebengeländes abhängig, mit diesem in Wechselwirkung, die sich unter Umständen weithin versumpfend oder, wenn der Kanal Vorflut schafft, entwässernd äußert.

Aufträge, d. h. Dämme für Rohrleitungen und Kanäle, bringen für den Untergrund Belastung, an Hängen auch Stau von Tageswasser. Bezüglich des Materials und der Maßnahmen für wasserhaltende Dämme ist bei den Stauanlagen schon das Nötige gesagt; für lediglich tragende Schüttungen wird fast alles brauchbar, was standfest bleibt, sich wenig und schnell setzt, leicht zu gewinnen und zu verarbeiten ist. Erweichender Lehm und Ton, feiner Sand, auch Löß sind ungeeignet, grober Sand hingegen sehr willkommen, am besten Kies oder Schotter. Stark auflaufende und leicht verwitterbare, auch gefroren eingebrachte Gesteine lassen einen Damm nie zur Ruhe kommen. In Moorgebieten kann man als Schutz gegen Versacken auf starkem Moorfilz sog. schwimmende Dämme aus trockenem, festem Torf führen. Kunstgerechte Schüttung verbessert allgemein schlechtes Material. Der Körper darf aus grobstückigem, nicht schiefrigem und nicht zu lehmigem Material bis 1:1 geböscht werden, im allgemeinen zieht man $1:1^1/_2$ vor. Wo bewegtes Wasser angreift, geht man bis 1:2—3 (vgl. bei Staudämmen).

Zur Befestigung der Flanken eignet sich auf feinkörniger Schüttung Berasen, auf steinige und bröcklige kommen Faschinen, auch Steine, und gegen Wasserangriffe wetterfestes Pflaster; Stützmauern sind kostspielig.

In flachem Gelände bedarf gute Schüttung im wesentlichen nur Schutz gegen Unterspülung und kann in den meisten Fällen dem Boden unmittelbar aufgelegt werden. Am Gehänge ist Vorsicht gegen Rutschen des Dammes auf der Unterlage und gegen Gleitungen in dieser selbst zu üben. In allen Fällen spielt immer das Wasser eine wesentliche Rolle; es „schmiert" die unterliegenden Gesteinsflächen, sammelt sich, wenn Dränage fehlt, hinter dem Damm und erweicht dessen Fuß, oder es erzeugt Bewegungen im Damm selbst. Die allgemeinen Gesteins- und Wasser- (auch Niederschlags-) Verhältnisse geben die nötigen Winke. Außerdem je steiler das Gehänge ist, um so rauhere Reibungsfläche muß die Baubasis vorfinden.

Wo keinerlei Gehängefestigkeit zu erreichen ist, legt man die Abführung in Stollen, die im übrigen meistens an Weglänge sparen.

c) Stollen.

Abführung durch Stollen erfordert tunnelartige Bauten und ähnliche Rücksichtnahme auf die Gebirgs-, Gesteins- und Wasserverhältnisse wie bei diesen.

Noch fast jede längere Tunneltrasse hat sich bisher beim Bau geologisch komplizierter herausgestellt, als die Prognose annahm.

Je nach der Tiefe der Verwitterungsschichten beginnt mit einem etwaigen Voreinschnitt der Fels, in dem mittels bergmännischer Methoden gearbeitet und gebaut wird.

Der Ausbruch geschieht meistens im Vollprofil; Auffahren von Richtstollen bietet neben technischen Vorzügen die Möglichkeit, die Gebirgsverhältnisse im Innern im voraus beobachten zu können. Vorbohren klärt über die Wasserführung auf.

Die wichtigste Frage ist die Standfestigkeit bzw. Druckhaftigkeit des Gebirges. Durch Ausbruch entsteht im Berg ein Hohlraum, in den Gestein von oben und von den Seiten nachbricht, wenn die Verbandsfestigkeit die Schwerkraft nicht zu überwinden vermag. Es bilden sich aber auch Veränderungen des Querschnittes aus, wenn der Fels den Druck des überlagernden Gebirges nicht tragen kann, wenn das Gebirge „druckhaft" ist. Granite z. B. haben bis 3700 kg/cm², Sandsteine bis 2200 kg/cm² Druckfestigkeit. Es könnten also bei einem mittleren spezifischen Gewicht des Gesteins von 2,7 bis zu vielen tausend Metern an Gebirgshöhe vom Stollen ohne Ausmauerung gehalten werden. Die Klüftung aber und der Wassergehalt und bei Schichtgesteinen die Lagerung begünstigen Ausweichflächen und damit Bewegungen an den Stollenrändern. Dazu kommen in tektonisch ehemals stark bewegten und noch heute nicht restlos ausgeglichenen Gebieten auch Spannungen an Störungs-, z. B. Überschiebungszonen, die trotz des Ausbaus nicht zur Ruhe gelangen, vielleicht überhaupt nie. Großräumige Senkungsvorgänge, z. B. im bayrischen Alpenvorlande, im Schwarzwald und anderwärts, sagen genug.

Durch den Hohlraum ist am Stollen das Widerlager für die umseits stehenden Gesteine fortgenommen. Bei geringer Überdeckung und einiger Festigkeit macht sich nur die Schwerkraft durch Nachbröckeln, meist des Firstes, bemerkbar. In größeren Tiefen aber (im allgemeinen von 1500 m an) vollziehen sich in massigen und dichtbankigen Gesteinen ruckweise Ausgleichsbewegungen, in dünnbankigen Verbiegungen der Schichten. Einige Tage nach dem Ausbruch, oft auch noch Wochen hinterher, springen in kluftarmen und wenig geschichteten Zonen von den Stößen plötzlich unter lautem Knall Platten ab (sog. Gebirgsschläge), unabhängig von Schichtung und Klüftung, parallel zur zufälligen Oberfläche, am meisten quer zur Schichtfläche. In festerem Gestein brechen vom First Blöcke oder Gesteinsbreschen bis zur Bildung eines glockenförmigen Hohlraumes herein; im milderen (tonigen) Gebirge schwillt der erst noch zu sprengende Fels von allen Seiten allmählich in den Stollen, um diesen bei fehlender Gegenmaßnahme schließlich völlig auszufüllen. Zutritt von Feuchtigkeit und Luft begünstigen solche Bewegungen. Anhydrit bläht sich allein schon durch Wasseraufnahme zum Anderthalbfachen seines Volumens zu Gips auf.

Alle diese Vorgänge gefährden die Arbeiter und das Werk. Ist ein Einbruch geschehen, so kann das Gebirge — ganz abgesehen von der Not der Aufräumungsarbeiten — oft überhaupt nicht mehr, jedenfalls meist nicht ohne teure Vorkehrungen, zum Stehen gebracht werden. Die geologische Prognose über Standfestigkeit bzw. Druckhaftigkeit der Trassen ist von allergrößter Bedeutung.

Die Höhe der Überlagerung bzw. Tiefe des Stollens unter der Oberfläche und das Maß der Deformationen im unterirdischen Hohlraum stehen durchaus nicht immer in einem unmittelbaren und gleichbleibenden Verhältnis zueinander. Die gesamten Gebirgsverhältnisse sind viel maßgeblicher. Gebirgsfestigkeit ist nicht gleich Gesteinsfestigkeit. Steilstehende, quer durchfahrene Schichten sind z. B. standfester als flachliegende, klüftige druckhafter als geschlossene. Je mehr das Gebirge durchlöchert und je heftiger geschossen wird, um so mehr Bewegungen werden veranlaßt. Eine entscheidende Rolle spielt wie immer der Wassergehalt.

Wasser sitzt im Gebirgsinnern in Poren und Klüften, tropft als Bergfeuchtigkeit langsam ab oder bricht aus Schicht- und Störungsflächen, aus Klüften und Spalten mäßig oder kaum bewältigbar herein, oft mit erhöhter Temperatur und mit chemischen Stoffen und Gasen beladen, möglicherweise auch gespannt. Das Studium der hydrologischen Verhältnisse und des Gebirgsbaues der Gegend läßt bestimmen, wo und welcherart Wasser im Stollen zu erwarten ist. Diese Beantwortung stellt einen wesentlichen Teil der geologischen Vorarbeit dar. Kluftwasser ist nur allgemein, selten in seiner besonderen örtlichen Lage vorauszusagen, Grundwasserstockwerke hingegen sind durch die geologische Kartierung festgelegt. Wo solche Räume zu durchfahren sind, sollten sie möglichst nirgends von unten angeschnitten werden, da sonst möglicherweise unbezwingbare Wassermassen auszufließen beginnen. Stößt man von oben ins Grundwasser hinein, so kann es leichter überwunden werden. Der Tiefstand des Grundwassers sollte möglichst bekannt sein und ausgenutzt werden; er fällt durchaus nicht immer mit der trockenen Jahreszeit zusammen.

Alle Möglichkeiten sind aber nie vorauszusehen, da es in jedem Gebirge unerwartete Klüfte und Schläuche, Wassereinbrüche gibt, wie Bergwerke, Tunnelbauten, Tiefbohrungen immer wieder gezeigt haben.

Jeder bedeutendere Wasserzutritt wird chemisch und physikalisch analysiert, wodurch oft auch wichtige Anhaltspunkte über Herkunft, chemische Wirksamkeit usw. gewonnen werden.

Der Stollenbau schafft Vorflut; sie kann sehr nützlich sein, aber auch böse Folgen zeitigen. Durch die Anzapfung kommt vorher ruhendes oder kaum bewegtes Wasser in Fluß. In porigem Gestein, das sonst in sich fest ist, wenn es sich also nicht um Kies und Schwimmsand handelt, stellen sich keine nachteiligen Erscheinungen für den Bau ein. In klüftigem Gestein jedoch werden an alten Gleitflächen Bewegungen erleichtert; kluftreiches Gebirge fällt, wenn ihm das Wasser abgezapft wird, förmlich in sich zusammen. Druckfreie oder druckarme Strecken werden dadurch stark druckhaft!

Die Entscheidung: darf Gebirgswasser abgeführt werden, oder soll man es zurückhalten, ist sorgsam zu überlegen; Verbandsfestigkeit, Gesteinscharakter und Lagerung sind dabei maßgeblich.

Von ebenso folgenschwerer Bedeutung wie die Entwässerung kann auch die Bewässerung durch Undichthalten der Abführung und Versickern von durchgeleitetem Kraftwerkwasser werden. Wechselseitige Fragen sind hier zu erörtern, die sich aus dem bisher Gesagten von selbst ergeben.

Die allerschwierigsten Strecken liegen im Kalkgebirge, da hier die Klüfte meist erweitert sind, dauernd oder zeitweise Wasser führen und nicht selten mit Schlamm erfüllt getroffen werden, der beim Anschneiden als Strom in den Stollen fließt. Die Baunöte können hier infolge des Wasserandranges und der Brüchigkeit des zerfressenen Gesteines so groß werden, daß neue Trassen gezogen werden müssen. Die Verkarstung eines Kalkgesteins ist nicht nur von dessen ursprünglicher Entstehungsart (Schwamm- oder Korallenriffe z. B. sind von Natur aus schon durchhöhlt) und von den heutigen Niederschlags- und Abflußverhältnissen abhängig, sondern auch von all den früheren Wasserwirkungen, seit das Gebiet in der Erdgeschichte Festland ist. Wir sehen, um nur auf einen Zusammenhang hinzuweisen, Karstgerinne gesammelt als Höhlenbäche vorwiegend in den heutigen Talniveaus zutage treten. Ähnliches ist der Fall gewesen auch in älteren höheren Tallagen, so daß auch in deren Lage besonders starke Auswaschung getroffen wird [Wilser[25])].

Die Schlammströme im verkarsteten Gebirge erinnern an Schwimmsandgebirge, bei dem aus den Anschnitten nicht nur Wasser, sondern auch Sand mit ausfließt und Höhlen zurückläßt. Letztere Erscheinung kann in allen sedimentären Formationen getroffen werden, vorwiegend im Tertiär und Diluvium, aber erfahrungsgemäß nur, wenn die Korngrößen kleiner als 0,1 mm werden. Es handelt sich ähnlich wie bei Muren um Setzungsfließungen infolge von Gleichgewichtsstörungen (vgl. Lit.-Nr. 21). Versteinen und Gefrieren solcher Lagen oder auch lediglich Entwässern, ohne daß Sand mit wegfließt, sind die Abwehrmaßnahmen.

In Stollen zusitzende Wässer stehen unter Druck entsprechend der Höhenlage des Einzugsgebietes, vermindert um den Betrag der Reibung im Gestein. Verbauungen müssen diesen Zahlen Rechnung tragen.

Der Wasserzutritt wird an der Erdoberfläche durch Fernhaltung von Tagwasser bekämpft, oder über dem Stollen durch Abzapfung in respektvoller Entfernung, oder im Stollen mittels Abführung, oder, wenn diese unzulässig, durch Versteinen des Gebirges. In manchen Fällen sind in der Nachbarschaft der Trasse besondere Entwässerungsstollen nützlich; unter besonderen Bedingungen können sie, statt nach den Seiten, kürzer als Schächte nach der Tiefe führen. Das Für und Wider kann alles nur der geübte Geologe abschätzen. Das Wesentliche folgert sich aus den bisherigen Erörterungen. Jedenfalls sind die Wasserverhältnisse nicht nur in bezug auf den Stollenbau, sondern auch auf das umliegende Ein- und Abzugsgebiet zu untersuchen.

Die zu erwartende Wärmeverteilung in den Stollen ist für den ungehinderten Fortgang der Arbeiten wichtig und bedarf der Vorprüfung und beim Bau der Kontrolle. Unter Bergen kann man für je 40—50 m und unter Einmuldungen für etwas geringere

Gesteinstiefen je 1° Wärmezuwachs annehmen. Er steht ferner in Beziehung zur Schichtlagerung und am ausgesprochensten zur Bergwasserverteilung, die Abkühlung erzeugt, wenn es sich nicht um Thermen handelt.

An Gasen sind junge vulkanische Gebiete reich; giftige und stickige Ausströmungen entwickeln sich aber z. B. auch in kohligen und bituminösen Gesteinen. Alle diese Möglichkeiten stellen gegebenenfalls an die Bewetterung erhöhte Anforderungen und wollen im voraus erwogen sein.

Außer der Forderung der Sicherheit des Vortriebes wird auch die der Schnelligkeit gestellt. Beim Lösen ist die Gebirgsfestigkeit zu überwinden, die vom Gesamtverband abhängt, d. h. von Richtung, Zahl und Größe der Kluft- und Schichtfugen. Die Härte des Felsens widersetzt sich dem Eindringen der Werkzeuge und ist durch die mineralogischen Eigenschaften bedingt (vgl. S. 10). Die Arbeitsleistung wird am schlechtesten in hartem, quarzreichem oder zähem Gestein und bei wechselnder Härte. Die Zähigkeit gewisser Mineralien wirkt beträchtlich mit, wie z. B. die von Glimmer oder Hornblende, die trotz ihrer verhältnismäßig geringen Härte dem Bohrmeißel länger Widerstand leisten als etwa einzelner Quarz, der spröde ist und leicht birst. Amphibolit, Diorit, Augengneis z. B. sind sehr unwillkommen. Klüftigkeit ist für den Vortrieb durchaus nicht immer von Nutzen.

Bezüglich der Querschnittsgröße kann man im Stollenbau nicht unter ein Mindestmaß heruntergehen, da sonst der erschwerte Arbeitsbetrieb wieder unnütze Verteuerung bringt. Bei Ausschalung mit Beton von etwa 20 cm Stärke ist 2 m hoher und 1,7 m breiter lichter Querschnitt üblich. „Die Erfahrung hat gelehrt, daß man die Häuerleistung für den Kubikmeter Ausbruch als annähernd der Quadratwurzel des Ausbruchquerschnittes verhältnisgleich anzunehmen hat, und daß die gesamten Ausbruchskosten (einschließlich Abschreibung der Baueinrichtung) nur etwa in der $\frac{1}{1,5}$ten Potenz des Ausbruchquerschnittes wachsen" (Lit.-Nr. 2, S. 151).

Der Gesteinsbohrer hat die Härte, der Sprengstoff die Festigkeit zu überwinden.

Handbohrung kommt für lockeres und mildes Gebirge, Tone, Mergel und Schiefer, und dort, wo der Bohrer sich gern festklemmt, in Betracht, maschinelle Drehbohrung für weichere Gesteine; Brandtsche Hohlmeißel mit langsamer Drehung und starkem Druck für mittelharte, Stoßbohrmaschinen als Bohrhämmer für jede Gebirgsart. Letztere sind das gebräuchlichste Gerät, das in hartem Gestein mit wenigen starken Schlägen, in weichem mit vielen leichten bohrt. Stiny[23]) gibt (S. 716—717) eine Tabelle über Stollenvortriebe bei händischem und maschinellem Bohren in verschiedenen Gesteinen. Lit.-Nr. 2 enthält bei S. 1132 in Tabelle 8 zahlreiche Ergebnisse von Stollenbohrungen. Vgl. auch Hoyer[22]) (S. 138).

Schießen vermeidet man an lockeren und Störungszonen; auch zieht es unter Umständen Wasser herbei (Torpedieren); zu kräftiges Sprengen kann immer zu Nachbrüchen führen. In festem, geschlossenem Fels verwendet man brisante Mittel, in weicherem und bei Vorhandensein von geschlossenen Klüften weniger brisante. Bei offenen Klüften nützt nur Brisanz.

Je kürzer die Stollenstücke, um so wirtschaftlicher sind sie im allgemeinen. Von 2—3 km an werden nach oben oder nach der Seite, saiger oder geneigt Arbeits-, Luft-, Licht-, Entleerungs- u. a. Schächte bzw. -Stollen nötig. Deren Lage ist nicht allein von der Geländegestalt, sondern auch von den Gebirgsverhältnissen abhängig. Besondere Aufmerksamkeit ist den Stellen zuzuwenden, wo sich die Anlagen verzweigen.

Die Fragen, ob Schildvortrieb oder Zimmerung oder deren Entbehrlichkeit, welche Art und Stärke des Ausbaus, in welcher Zonenfolge, wie die Gesteinsmaterialbeschaffung, überhaupt den ganzen Arbeitsplan für den Stollenbau, hilft die geologische Vorarbeit klären.

Auskleidung ist überflüssig in völlig standfestem, druckfreiem, unveränderlichem, geschlossenem Gebirge für Freispiegelstollen. Alles veränderliche Gebirge, ebenso Druckstollen von 2—3 Atmosphären an bedürfen fester Panzerung; der Ausbau muß den inneren und äußeren Wasser- und Gebirgsdruck aufnehmen.

Freispiegelstollen werden meist mit Torkretverputz versehen, naturgemäß an schwachen Zonen, entsprechend den darüberliegenden Drucken armiert, Quellen möglichst dem Betriebswasser zugeleitet. Bei Druckstollen kommt entsprechend den Stauhöhen Innendruck von Betriebswasser hinzu, auf den jedes Gebirge empfindlich ist; dessen elastische Nachgiebigkeit infolge fehlenden oder nicht ausreichenden Gegendruckes oder gar Bewegungen führen zu Rissen in der Wasserumkleidung, die eine Gefährdung der gesamten Anlage mit sich bringen. Schon von 2—3 Atmosphären an reißt selbst in normalem Gebirge Beton ohne Eisenwehr. Abpreßversuche mit Betriebsdruck in den verschiedenen Abschnitten und Beobachtung der Deformationen geben die nötigen zahlenmäßigen Anhalte, welche Auskleidungsart zu wählen ist. Für 4—5 Atmosphären Druck wird schon sehr gutes Gebirge erforderlich, damit die Armierung nicht zu kostspielig ausfällt.

Wie sich zeigt, können die zu durchfahrenden Gesteinsarten höchst verschiedene Wirkungen auf den Bau ausüben. Es sei — weil es gerade aktuell war — nur noch an den Gipsgehalt von Dolomitgestein erinnert, das Betonauskleidung zerfrißt.

Chemisch vollkommen reines Wasser zerstört aber mit der Zeit Beton ebenso wie Säure haltiges (vgl. S. 30).

Von Natur offenstehende Risse werden mit Zementeinspritzung verschlossen, nasse Stellen gedichtet oder gefaßt und abgeleitet, je nach der Gebirgsbeschaffenheit; jedenfalls dürfen weder mechanische noch chemische Einwirkungen schädigen. Zwischenraum zwischen Gebirge und Wasserummantelung sollte möglichst vollkommen mit Gestein ausgefüllt und mit Zement ausgespritzt sein. In unsicherem Gebirge verlegt man das Druckrohr oft frei in den erweiterten Stollen.

Bei Ableitungen durch Zusammenschluß von Stollen, Leitung und Kanal bedürfen die Übergangsstellen ganz besonderer Prüfung auf Standsicherheit. Stollenmundlöcher sind immer stärkst gefährdete Zonen.

Überleitungen, d. h. Zu- oder Abführungen in benachbarte Flußgebiete, erfordern, wie alle Eingriffe in die bestehende Wasserverteilung, naturgemäß neben allen anderen Rücksichten besondere Überlegungen bezüglich der neu entstehenden Grundwasserverhältnisse.

Die Bedeutung des Schutzes jeder genutzten Quellanlage braucht nicht näher erörtert zu werden.

4. Das Wasserschloß.

Das Wasserschloß stellt einen freistehenden Bau oder ein geneigtes Rohr oder einen Schacht oder Kammern oder ähnliches im Fels dar. Standfestigkeit des Geländes — bei den verschiedenen Anlagen verteilt sich das Gewicht oder vereinigt sich — und Schutz gegen Wasserverluste sind die Anforderungen an die geologische Gewähr; für Schächte sind sie ähnlich wie für Druckstollen, nur daß unter Umständen sehr viel höhere Belastungen in Betracht zu ziehen sind. Stöße in der Füllung übertragen sich auf Wandung und Gründung. Am Überlaufgerinne sollen sich keine Bodenverwüstungen entwickeln können.

5. Die Falleitung.

Die Falleitung verläuft in den allermeisten Fällen oberflächlich auf Sockel verlegt, selten nur kommen Eingraben oder Sturzschächte in Frage. Die Träger haben um so größerer Schubkraft zu widerstehen, je weitere und längere Rohre über ihnen liegen. Druck- und Schubfestigkeit des Gehänges, also Standsicherheit auch bei großer Belastung, ist die erste geologische Forderung an diesen Trassenabschnitt. Dem Tale zufallende Klüftung und Schichtung kann ebenso gefährlich werden wie Gehängeschutt, Tongelände, Moränenreste usw. Die Gründung der tragenden Füße muß so tief und breit werden, daß ausweichende Bewegungen völlig ausgeschlossen sind. Grundsätzlich fährt man auf Gehängerücken, sofern sie keine Schuttstreifen sind, sicherer als in Dobeln und Mulden. Der jedem Hang am Talboden vorgelagerte Schuttfuß, dort, wo also der größte Druck liegt, bedarf sorgfältiger Untersuchung seiner Eigenarten. Schuttkegel sollen grundsätzlich gemieden werden. Fels bietet die sichersten Standorte; Waldgelände ist besser als Freiland. Die Wetterseite ist gefährdeter als die abgewandte.

In Druckschächten addieren sich die Drucke von Stau- und Sturzhöhe; obgleich sie im wesentlichen von der Bewehrung getragen werden, eignet sich trotzdem nur festestes Gebirge für solche Anlagen.

6. Das Krafthaus.

Das Krafthaus sucht die Talaue mit weiträumigem, flachem, sicherem Untergrund, ohne daß beim Bau Tag- und Grundwasserandrang Schwierigkeiten machen (offene Baugrube oder Druckluftgründung). Der Platz soll auch so liegen, daß der Unterwasserkanal möglichst wenig Arbeiten erfordert, andererseits die

Druckrohrzuleitung tunlichst kurz ausfällt. Schutz gegen Hochwasser des Vorfluters beim Bauen und Betrieb muß gewährleistet sein, ebenso gegen Vermurung und ähnliches. Die Fundamente der Maschinen bestehen meist aus Eisenbeton; die auftretenden Schwingungen sind gering, da es sich um umlaufende und nicht um hin und her gehende Massen handelt. Feuchte und lockere Gesteine leiten die Elastizitätswellen schneller als feste und trockene.

Da die Niederdruckkraftanlagen zugleich Stauwerke sind, müssen sie dem Druckwasser den Weg ins Unterwasser abschneiden oder doch so erschweren, daß Veränderungen in der Gründungszone, Ausspülungen und wesentliche Wasserverluste unmöglich gemacht werden. Abfangmauern, Spundwände und die anderen nützlichen Maßnahmen wurden bei den Wehren erörtert.

Unterwasserkanäle stellen ähnliche geologische Forderungen wie die Oberwasserführungen (vgl. S. 31 u. ff.).

IV. Die Gesteinsbaustoffe.

An Gesteinsbaustoffen bedarf ein Kraftwerksbau im wesentlichen Schüttmaterial, wetter- und druckfester Bruch- und Werksteine, Betonstoffe und Bindemittel. Alle, außer etwa der kostspieligen Produkte wie Portlandzement, wird man bestrebt sein, in der Nähe der Baustelle zu gewinnen bzw. zu erzeugen. Herstellungskosten und Transportfragen sind wesentlich. Viel, je nach der Gebirgsart geeignetes Betonmaterial erzielt man mit dem Stollenausbruch; für den übrigen Bedarf sind Steinbrüche, Sand- und Kiesgruben anzulegen. Neben der Qualität sind Abraum- und Abfallmasse, auch die Frage, ob dauernd genügend Vorrat zur Verwendung im Bau bereitgeschafft und gelagert werden kann, wirtschaftlich bedeutsam. Die Anfuhr will natürliches Gefälle vorfinden. Steinbrecher, Sand- und Schotteraufbereitungsanlagen erzeugen oder sondern die gewünschten Korngrößen.

Sowohl Felsgestein als Schotter, Schütt- und andere Materialien sind gleich sorgfältig auf ihre Eignung zu prüfen und bei den geringsten Zweifeln analytischen Untersuchungen zu unterwerfen. Die den technischen Hochschulen angegliederten Materialprüfungsanstalten verfügen über alle dazu nötigen Hilfsmittel. Es ist aber darauf zu achten, daß das Probematerial auch tatsächlich die Eigenschaften der Gewinnungsstelle für den Bau gewährleistet. Für Steinbrüche haben nur bergfrische Proben Sinn. Versuche und Beobachtungen in der Natur und an Bauwerken geben oft entscheidende Winke.

Über Lösen und Härte der Gesteine ist oben schon das auch hier Nötige gesagt worden, ebenso über Schüttmaterial für Dämme. Es erübrigen sich noch Merkzeichen für Bausteine und Betonstoffe. Dazu hat nur äußerlich und innerlich sauberes und frisches, beim Anschlagen hartes und klingendes, nicht dünnplattiges und schiefriges Gestein Wert. Dumpfer, matter Klang, Rostflecken, golden schimmernde Glimmer zeigen ebenso Unbrauchbares wie leicht lösliche und irgendwie schädigende Einsprengungen, z. B. Kalkdrusen, Gips, Salze, Schwefelkies usw. Bei Vorhandensein von Schwefel in irgendeiner Form im Wasser oder Gestein bildet sich der gefürchtete Zementbazillus, der den Beton sprengt. So hat man z. B. mit Dolomitgesteinen beim Walchenseewerk böse Erfahrungen gemacht.

Vor Verwendung von Gehängeschutt — außer zu Dämmen —, auch wenn er großblockig ist, sollte man grundsätzlich zurückschrecken. Allgemein spricht man bei Einzelblöcken in Schutt- und Lehmstrecken von Findlingen, eine Bezeichnung, die aber nur für ortsfremde, durch Eis herbeigeschleppte Geschiebe genau ist. Solche Findlinge sind meist brauchbar, seit Urzeiten der Verwitterung bereits ausgesetzt, und, weil eben hart, übriggeblieben. Wo aber die „Findlinge“ aus jungem Flußtransport und aus Gehängeverwitterung stammen, da muß man sehr vorsichtig sein, um nicht angefaultes Gestein in den Bau zu bekommen. Bergsturz- und altes Haldenmaterial sind ebenfalls mit großer Vorsicht zu verwenden. Noch bruchfeuchtes Gestein muß man vor Verwendung erst austrocknen lassen.

Natürliche Fluß- und Bachschotter haben oft andere Eigenschaften als ihre Muttergesteine.

Wetterfestigkeit wird von allem Gestein verlangt, das im Bauwerk Verwitterungseinflüssen und Temperaturwechsel, besonders Frost, Regen und Sonne, ausgesetzt bleibt. Von Nachteil sind demgemäß Klüftchen, auch mikroskopisch kleine, Porosität, Dünnschichtigkeit, tonige oder leicht lösliche oder zersetzliche Gemengteile. Das Bindemittel in den Schichtgesteinen spielt eine entscheidende Rolle; je mehr Tongehalt, um so nachteiliger. Je nach der geographischen Lage sind die Angriffe stärker oder schwächer; in Höhenlagen wirkt vornehmlich Frost, in Küstengebieten Salzgehalt.

An Druckfestigkeit weisen im allgemeinen Massengesteine höhere Zahlen auf als die Schichtgesteine. Bei frischem Fels ist diese Frage belanglos, solange es sich sowohl im Widerlager als im Bau um geschlossenes Gestein handelt. Zerklüftetes, verwittertes oder der Auslaugung unterworfenes Material aber ist leichter zu zerdrücken. Die Festigkeit ist im allgemeinen unter Mitwirkung verschiedener Nebeneinflüsse geringer, wo Klüfte und Schichtfugen senkrecht oder schräg zur Hauptdruckrichtung verlaufen. Das ist sowohl für Untergrund wie für Aufmauerung wichtig. Tabellen über Druckfestigkeit enthalten alle einschlägigen Bücher. Sie reicht bei allen üblichen frischen, kompakten und wetterfesten Bausteinen aus.

Im Wasser gelagert verlieren gute Bausteine nur etwa ein Zehntel ihrer Festigkeit des trockenen Zustandes, tonreiche und mergelige, auch porige, mehr, bis zum Erweichen. Material, dessen Erweichungsziffer (d. i. das Verhältnis der Festigkeit des wassergelagerten Materials zum trockenen) beträchtlich unter 0,9 heruntergeht, sollte vom Wasserbau ausgeschieden werden. In den Sperrenteilen und Stollen steht das im Baustein eingeschlossene Wasser unter Druck, der sich nach allen Seiten auswirkt und außer Erweichung auch Gleitflächen erweckt. Im Wasser erweichbare Gesteine sind auch nicht frostbeständig.

Schwere Gesteine eignen sich für den Wasserbau aus mehreren Gründen besser als leichte. (Letztere zieht man vor, wo es auf Leichtigkeit des Baus ankommt.)

Sand und Schotter bzw. Steinschlag, natürlich oder gequetscht, sollen wetterhart, sauber, scharf, nicht staubig und lehmig, möglichst verschieden körnig, also von großem Schüttgewicht sein. Für eigene Herstellung von Bindemitteln sind chemische Analysen der Rohstoffe und Erzeugnisse unentbehrlich. Als Mörtelbildner verwendet man nach Ludin[2]) im allgemeinen eine Mischung von Zement und hydraulischem Kalk, in Deutschland mit Traßzusatz, der neben anderen Vorzügen große Beständigkeit gegen chemische Angriffe und außerdem Wasserdichtigkeit vermittelt. Versuche über zweckmäßigste Mischung sind immer empfehlenswert. Als Beispiel für eine solche sorgfältig studierte und bewährte Zusammensetzung sei die beim Bau der Möhntalsperre angewandte mitgeteilt nach Ludin[2]):

	Zement	Kalkteig	Traß	Sand
3 Teile Kalktraßmörtel . . .	—	3	$4^1/_2$	$7^1/_2$
1 Teil Zementtraßmörtel . .	1	—	$^1/_2$	$4^1/_2$
Kalktraßzementmörtel . . .	1	3	5	12

„Die hierzu verwendete Kalktraßmörtelmischung ist die im rheinischen Talsperrenbau seit langem übliche; sie ergab, in 55 mm starker Scheibe unter 25 m Wasserdruck erprobt, noch völlig Undurchlässigkeit.“

In Anbetracht der für Wasserkraftanlagen an die Baustoffe gestellten hohen Ansprüche sollten Gewinnungsstellen und Materialart nie und nirgends ohne Beratung durch einen erfahrenen Geologen bestimmt werden. Überwachung der Verarbeitung während des Baues ist ebenfalls zu empfehlen, weil die Beschaffenheit, damit die Güte des Gesteins, von Natur aus oft wechselt.

Außer für die Wasserkraftanlagen selbst ist auch Gestein für Straßenbau (Pack- und Decklage) nachzuweisen.

Wasserbeschaffung für Arbeiter und Baubetrieb fällt ebenfalls unter die geologischen Voruntersuchungen.

V. Die geologische Beratung.

Wie aus dem bisher Erörterten insgesamt hervorgeht, kann sich das **geologische Gutachten** nicht nur auf den engen Raum der Baulinie stützen; die weitere Umgebung ist mit zu untersuchen, bis ein maßstäblich und gesteinskundlich genau erkanntes geologisches „Profil“ die Lagerung, Gesteins- und Wasserverhältnisse im einzelnen und im Gesamtverband zu bewerten ermöglicht. Hier an Kosten zu sparen, rächt sich immer. Der Sinn des geologischen Gutachtens ist nicht, eine lästige Vorarbeit möglichst billig zu erledigen, sondern die Naturbedingungen möglichst vollständig zu erkennen, alle zu Beunruhigungen Veranlassung gebenden Verhältnisse klarzulegen und den Bauplan und die Bauausführung danach zu gestalten. Nicht um Theorien handelt es sich, sondern um praktische Hilfeleistung, die aber nicht allein auf praktischer Erfahrung, sondern auch auf wissenschaftlicher Erkenntnis der Zusammenhänge aufgebaut sein muß. Die für den Praktiker wichtigen örtlichen Kleinfragen sind nur im Gesamtbild der Naturverhältnisse voll abzuschätzen.

Der Geologe will helfen, bevor Mißerfolg und Streitfall ihn herbeirufen.

Der Verlauf der geologischen Mitarbeit ist im allgemeinen so, daß nach gemeinsamer Trassenbegehung mit dem Planfertiger in einem geologischen Vorgutachten die natürlichen Bedingungen generell erörtert und dabei die Punkte, die besonderer Untersuchung, etwa durch Schürfe, bedürfen, einzeln namhaft gemacht werden. Erst wenn alle Fragen eindeutig geklärt sind, kann das Hauptgutachten abgegeben werden. Dieses liefert die Unterlagen für Wahl der Bauweise, Kosten- und Zeitberechnung, Gerätebeschaffung usw. und für die Verhandlungen mit den Behörden.

Zweckmäßigerweise wird der zuständige staatliche Beamte zur Mitberatung oder doch Mitbesichtigung der Probeaufschlüsse beigezogen. Um so schneller und einfacher ist von diesem Herrn dann der dienstliche Bericht an die Behörden zu liefern, ohne den keine Baugenehmigung ausgesprochen wird.

Der geologischen Begutachtung bei der Planfertigung folgt die ständige Mitarbeit, wo erforderlich Überwachung vor der Bauausführung. Anbinden der Kern- oder Hauptmauer darf — um nur zwei Punkte zu nennen — ohne Zuziehung eines Geologen ebensowenig begonnen werden wie die Verkleidung eines Stollens. Von der Bedeutung der Gesteinsmaterialprüfung braucht nach dem oben Gesagten nicht mehr gesprochen zu werden. Es handelt sich nicht allein um momentane Beratung, sondern auch um Sammeln aller irgendwie wesentlichen geologischen Erscheinungen und Beobachtungen. Solche Aufzeichnungen leisten später bei unerwarteten Ereignissen ihre Dienste. Überhaupt ist viel mehr an Zusammenhängen von Natur und Technik erst noch zu erforschen, als man schon verwertet. Von der Physik des Baugrundes, speziell seiner Mechanik, ist erst sehr wenig Exaktes bekannt. Das meiste muß aus der Erfahrung beurteilt und angeraten werden und fällt nicht selten teils zu sicher, teils zu kühn aus. Aus dem Stadium des Individuellen soll die technische Geologie auf eine möglichst zahlenmäßige Grundlage gehoben werden. Terzaghi[21]) fordert mit Recht in erster Linie eine Normalisierung der Untersuchungsmethoden und eine planmäßige Verarbeitung der auf den Baustellen gesammelten Erfahrungen. Bezüglich seiner Methoden verweise ich auf das bahnbrechende Buch*). Die bis heute üblichen, im wesentlichen geologischen Gruppierungen der Gesteine enthalten in ein und derselben Klasse für die Praxis höchst Unterschiedliches. Bewertung und Einordnung der Boden- und Felsarten nach ihrem technischen Verhalten muß erst erkundet werden unter Beihilfe des Ingenieurs, der für diese Ziele und deren Bedeutung volles Verständnis hat. Aber eine selbst nur annähernde Vollkommenheit des zu schaffenden Systems wird nie zu erreichen sein, da die hergebrachten Eigenschaften eines Gesteins und die örtlichen Sonderverhältnisse (z. B. Klima, Exposition, Bewachsung, Abfluß usw.) zu vielgestaltig sind, als daß sie mit der nötigen Genauigkeit in eine allgemeingültige Rechnung eingestellt werden könnten.

Bei den geologischen Voruntersuchungen wird auch das einschlägige Schrifttum zu Rate gezogen. Die amtlichen Erläuterungen zu den geologischen Spezialkarten (1: 25 000) enthalten fast alle einen geologisch-technischen Abschnitt, der neuerdings in Rücksicht auf solche Fragen immer vielseitiger ausgestaltet wird. Diese Angaben vermögen aber ebenso wie die Spezialkarte nur generelle Überblicke zu geben. Die örtlichen Sonderverhältnisse sind durch örtliche Sonderuntersuchungen des geologischen

---

*) Terzaghi[21]) (S. 385): „Sobald man einmal die praktische Bedeutung dieser Vorarbeiten klar erkannt hat, kann man sich der Einsicht nicht verschließen, daß die Bodenuntersuchung bei Tiefbauarbeiten mindestens ebenso wichtig ist wie die topographische Geländeaufnahme und die statische Berechnung des Bauwerkes, und daß die Normalisierung der Untersuchungsmethoden zu den Forderungen des Tages gehört. Nachdem es im Interesse des Staates liegt, eine Vergeudung von Volksvermögen zu verhindern, sollte auch der Staat die sachgemäße Durchführung der erdbautechnischen Vorarbeiten ebenso kategorisch fordern, wie die Befolgung der Bauvorschriften und die heranwachsende Generation schon an den technischen Hochschulen zu erdbautechnischen Beobachtungen anleiten lassen. Nicht umsonst nannte die Am. Soc. of Civil Engineers den Ausbau der Erdbaumechanik ein ‚Problem von nationaler Bedeutung'. Aber auch der Unternehmer kann bei der Vertiefung unserer erdbaumechanischen Einsicht nur gewinnen, denn die so häufigen, unvorhergesehenen Terrainschwierigkeiten bilden eine unerschöpfliche Quelle von Reibungen und von Rechtsstreitigkeiten."

Beraters zu klären. Das wichtigste Glied in diesen Arbeiten stellen Probebohrungen, -gruben, -schächte oder -stollen. Ihre Anordnung und Ausmaße oder Entbehrlichkeit kann nur der Geologe — natürlich unter Berücksichtigung der allgemeinen Verhältnisse — bestimmen. Die übertriebene Sparsamkeit ist hier am allerwenigsten am Platze. In der Sperrentrasse wäre sie verhängnisvoll.

Probebohrungen kommen nur in besonderen Fällen in Betracht, z. B. für Schuttiefe, Stollentrassen, im wesentlichen für allgemeine Orientierung. Dem Peilstangenverfahren haften immer Unsicherheiten an. Das gebräuchlichste Aufklärungsmittel ist die Grube oder der Schacht, deren Durchmesser so bemessen wird, daß eine ausreichend große Fläche der gesuchten Unterlage im geschlossenen Verbande und nicht etwa nur täuschende Linsen oder Blöcke oder zufällig frische Stellen bloßliegen. Alle Pfeilerstellen sind im voraus so zu prüfen. Wo die Gesteinsart in der Sperrentrasse wechselt, also z. B. beim Querstreichen von Schichtköpfen, sind bei den geringsten Zweifeln Schürfgräben zu öffnen. Solchen Arbeiten bereitet in der Talaue Wasserzutritt Schwierigkeiten, die Fangedämme, Spundwände oder Pumpen oft kaum meistern. Es ist daher vielfach versucht worden, an den Talrändern im festen Gestein mittels Schacht in die Tiefen zu gehen und im Stollen gegen das Talbett zu minieren. Diese Methode ist geologisch zuverlässig, aber gefährlich wegen Wassereinbruchs von der Aue her. Probestollen klären meist die Verhältnisse für Durchtunnelungen.

Schürfe im Stauraum sollten unterbleiben, müssen nach Gebrauch wieder sorgfältig verschlossen werden. Auch im Sperrengebiet dürfen sie keine Undichtigkeiten verursachen.

Neuerdings sind zur Erkennung der Tiefenlage des Felsens und der Aufschüttungen geophysikalische Apparate, z. B. das Mintropsche Sprengverfahren und die Eötvössche Drehwage, in Anwendung. Sie ersparen teure Probebohrungen und geben mit hinreichender Genauigkeit Aufschluß über maßstäbliche Verhältnisse und grobe Gesteinsunterschiede, nicht aber über die Beschaffenheit, die Qualität des Felsens, meist die Hauptfrage bei Wasserkraftanlagen. Der murartige Einbruch im Lötschbergtunnel hätte sich z. B. seinerzeit vermeiden lassen bei vorheriger Vermessung mit der Drehwage. Aus diesem Beispiel erhellt die Bedeutung solcher Methoden für viele andere Fälle.

Vor Verwendung der Wünschelrute oder der sog. Polarisatoren kann nur gewarnt werden. Ob diese rätselhaften Erscheinungen als solche ernst zu nehmen sind oder in den Bereich der Täuschungen gehören, sei hier dahingestellt. Bis jetzt sind die Fälle der richtigen Voraussagen mittels dieser Methoden im Vergleich zu einer ungeheuren Zahl von Mißerfolgen so wenige, daß die Praxis sich nicht auf diese Hilfe stützen kann. Die Treffer übersteigen nicht die Zahl, die sich aus der Wahrscheinlichkeitsrechnung ergeben würde.

Alles, was hier auseinandergesetzt wurde, sind allgemeine Gesichtspunkte. Jede Anlage hat ihre individuellen Voraussetzungen im Plan und in der Natur. Die geologische Untersuchung will die Brücke zwischen beiden schlagen. Es ist höchst verantwortungsvolle Arbeit, von Einfluß auf Linienführung, Bauzeit, Wirtschaftlichkeit und Lebensdauer des Gesamtwerkes. Nicht um Bürgschaft handelt es sich, sondern um Wegsuchen und Wegweisen zum Erfolg.

Freiburg i. Br., im Sommer 1925.
Geologisches Institut der Universität.

Literaturverzeichnis*).

1. Stauwerke, 2. Band des III. Teiles (Wasserbau) des Handbuches der Ingenieurwissenschaften. 4. Aufl. Berlin und Leipzig: Engelmann 1913.
2. Ludin, A.: Die Wasserkräfte, ihr Ausbau und ihre wirtschaftliche Ausnutzung. 2 Bde. Berlin: Julius Springer 1913 und 1922.
3. Walther, Joh.: Vorschule der Geologie, eine gemeinverständliche Einführung und Anleitung zu Beobachtungen in der Heimat. Jena: Fischer.
4. Frech, F.: Allgemeine Geologie. 6 Bde., aus Natur und Geisteswelt (Nr. 207—211 und Nr. 61). Leipzig: Teubner.
5. Dacqué, E.: Geologie. Sammlung Göschen Nr. 13 und 846.
6. Kayser, Em.: Abriß der allgemeinen und stratigraphischen Geologie. Stuttgart: Enke 1924.
7. Credner, H.: Elemente der Geologie. Leipzig: Engelmann 1912.
8. Andrée, K.: Geologie in Tabellen (3 Teile). Berlin: Borntraeger.
9. Walther, Joh.: Geologie von Deutschland. Leipzig: Quelle & Meyer.
10. Geologische Spezialkarten 1 : 25 000 mit Erläuterungen der geologischen Landesanstalten.
11. Keilhack, K.: Lehrbuch der Grundwasser- und Quellenkunde (für Geologen, Hydrologen, Bohrunternehmer, Brunnenbauer, Bergleute, Bauingenieure und Hygieniker). Berlin: Borntraeger. 2. Auflage.
12. Prinz, E.: Handbuch der Hydrologie, Wesen, Nachweis, Untersuchung und Gewinnung unterirdischer Wasser: Quellen, Grundwasser, unterirdische Wasserläufe, Grundwasserfassungen. Berlin: Julius Springer 1924.
13. Schmid, J.: Quellen, Boden und Baumgestalt. Ein Beitrag zum Wasserhaushalt und zur Oberflächengestaltung im bewegten Mittelgebirge. Neudamm: Neumann 1925.
14. Rinne, Fr.: Gesteinskunde (für Studierende der Naturwissenschaft, Forstkunde und Landwirtschaft, Bauingenieure, Architekten und Bergingenieure). Leipzig: Jänecke 1923.

14a. Herrmann, O.: Steinbruchindustrie und Steinbruchgeologie. 2. Aufl. Berlin: Borntraeger 1916.

15. Schmidt, Axel: Natürliche Bausteine. 76. Bd. Bibl. d. ges. Technik. Leipzig: Jänecke.
16. Hirschwald, J.: Leitsätze für die praktische Beurteilung, zweckmäßige Auswahl und Bearbeitung natürlicher Bausteine. Berlin: Borntraeger 1915.

*) Technische und geologische Zeitschriftenaufsätze können hier nicht aufgeführt werden.

17. Hirschwald, J.: Handbuch der bautechnischen Gesteinsprüfung. Berlin: Borntraeger 1912.
18. Mitteilungen der Materialprüfungsanstalten.
19. Keilhack, K.: Lehrbuch der praktischen Geologie, Arbeits- und Untersuchungsmethoden auf dem Gebiete der Geologie, Mineralogie und Paläontologie (2 Bde.). Stuttgart: Enke 1921/22.
20. Singer, M.: Die Bodenuntersuchung für Bauzwecke. 2. Gruppe, 25. Heft der „Fortschritte der Ingenieurwissenschaften". Leipzig: Engelmann 1911.
21. Terzaghi, K.: Erdbaumechanik auf bodenphysikalischer Grundlage. Leipzig—Wien: Deuticke 1925.
22. Hoyer, W.: Unterbau. 3. Bd. des II. Teiles der Handbibliothek für Bauingenieure. Berlin: Julius Springer 1923.
23. Stiny, J.: Technische Geologie. Stuttgart: Enke 1922.
24. Wilser, J.: Grundriß der angewandten Geologie (unter Berücksichtigung der Kriegserfahrungen) für Geologen und Techniker. Berlin: Borntraeger 1921.
25. Wilser, J.: Die natürlichen Bedingungen der Donauversinkung und deren wirtschaftlicher Nutzung. Freiburg i. Br.: Fisher 1924.
26. Wilser, J.: Mißerfolge bei Wasserkraftanlagen und ihre Geologie. In Vorbereitung.

Aufgaben aus dem Wasserbau. Angewandte Hydraulik. 40 vollkommen durchgerechnete Beispiele. Von Dr.-Ing. **Otto Streck.** Mit 133 Abbildungen, 35 Tabellen und 11 Tafeln. (371 S.) 1924.
Gebunden 11.40 Goldmark

Das Energiewirtschaftsproblem in Bayern. Eine technisch, wirtschaftlich-statistische Studie. Von Dr.-Ing. **Otto Streck,** Diplom-Ingenieur. Mit 23 Textabbildungen. (116 S.) 1923.
3.60 Goldmark; gebunden 4.40 Goldmark

Das Bayernwerk und seine Kraftquellen. Von Dipl.-Ing. **A. Menge,** München. Mit 118 Abbildungen im Text und 3 Tafeln. (112 S.) 1925. 6 Goldmark; gebunden 7.50 Goldmark

Deutschlands Großkraftversorgung. Von Dr. **Gerhard Dehne.** Mit 44 Abbildungen. (105 S.) 1925. 6 Goldmark; gebunden 7 Goldmark

Über Wertberechnung von Wasserkräften. Von Dr.-Ing. **Adolf Ludin** und Dr.-Ing. Dr. rer. pol. **W. G. Waffenschmidt** in Karlsruhe i. B. (Sonderdruck aus „Der Bauingenieur", Zeitschrift für das gesamte Bauwesen, 2. Jahrgang 1921, H. 4.) (20 S.) 1921. (Auch als „Mitteilungen des Deutschen Wasserwirtschafts- und Wasserkraft-Verbandes E. V." Nr. 3 erschienen.) 0.45 Goldmark

Ⓦ **Irrtum und Wahrheit über Wasserkraft und Kohle.** Die Bedeutung der Energiequellen für die industrielle und landwirtschaftliche Produktion. Von Oberbaurat Ing. **M. Gerbel,** behördl. autorisierter und beeideter Zivil-Ingenieur für Maschinenbau und Elektrotechnik. (74 S.) 1925. 1.80 Goldmark; gebunden 2.40 Goldmark

Energie-Umwandlungen in Flüssigkeiten. Von **Dónát Bánki,** Maschineningenieur, o. ö. Professor an der Technischen Hochschule, Mitglied der Akademie der Wissenschaften zu Budapest.
Erster Band: **Einleitung in die Konstruktionslehre der Wasserkraftmaschinen, Kompressoren, Dampfturbinen und Aeroplane.** Mit 591 Textabbildungen und 9 Tafeln. (520 S.) 1921.
Gebunden 20 Goldmark

Der Durchfluß des Wassers durch Röhren und Gräben, insbesondere durch Werkgräben großer Abmessungen. Von Hofrat Professor Dr. **Philipp Forchheimer,** korr. Mitglied der Akademie der Wissenschaften in Wien. Mit 20 Textabbildungen. (54 S.) 1923.
2 Goldmark

Wahl, Projektierung und Betrieb von Kraftanlagen. Ein Hilfsbuch für Ingenieure, Betriebsleiter, Fabrikbesitzer. Von Dipl.-Ing. **Friedrich Barth.** Vierte, umgearbeitete und erweiterte Auflage. Mit 161 Figuren im Text und auf 3 Tafeln. (537 S.) 1925.
Gebunden 16 Goldmark

GPSR Compliance

The European Union's (EU) General Product Safety Regulation (GPSR) is a set of rules that requires consumer products to be safe and our obligations to ensure this.

If you have any concerns about our products, you can contact us on ProductSafety@springernature.com

In case Publisher is established outside the EU, the EU authorized representative is:

Springer Nature Customer Service Center GmbH
Europaplatz 3
69115 Heidelberg, Germany

Batch number: 10682439

Printed by Printforce, the Netherlands